轻松地学习 愉快地记忆

培养完美的记忆力

主编 拾月
编著 曾甍

图书在版编目（C I P）数据

轻松地学习 愉快地记忆：培养完美的记忆力
曾蕓编著. -- 北京：现代出版社, 2015.4
ISBN 978-7-5143-3579-8

Ⅰ. ①轻… Ⅱ. ①曾… Ⅲ. ①记忆术 – 通俗读物
Ⅳ. ①B842.3-49

中国版本图书馆 CIP 数据核字(2015)第 082144 号

轻松地学习 愉快地记忆：培养完美的记忆力

主　　编	拾月
编　　著	曾蕓
责任编辑	王敬一
内文制作	诚美天下文化传播有限公司
出版发行	现代出版社
地　　址	北京市安定门外安华里 504 号
邮　　编	100011
电　　话	(010)64267325
传　　真	(010)64245264
邮　　箱	xiandai@cnpitc.com.cn
网　　址	www.1980xd.com
印　　刷	三河市华晨印务有限公司
开　　本	700mmx1000mm　1/16
印　　张	9
版　　次	2015 年 5 月第 1 版　2021 年 3 月第 3 次印刷
书　　号	ISBN 978-7-5143-3579-8
定　　价	29.80 元

前言

每个青少年，都是这个社会中最宝贵的财富，正所谓“少年强则国强”，大至一个民族、一个国家，小至一个家庭、一个家族，都应重视青少年的教育问题。除此之外，也应该重视青少年在这个青春期里，是否能够感受到人世间的善、恶、美、丑。在每个人的人生中，除了需要自身独特的性格之外，还需要拥有感受世界的能力。

魅力、活力，能够释放独特自我，展示该有的青春形象。

魔力、影响力，能够修炼出独特的品性，散发阳光般的魅力。

自控力、注意力，能够时刻反省自身，不脱离人生正常的轨道。

思考力、发展力，能够拓展聪明才智，提升自身的竞争力。

情商力、记忆力，能够全面在社会上的竞争力，助力前行的脚步。

青春，是每一个人最美好的一段时光，也是每个人人格、性格定型的重要阶段，在这个时期，我们需要享受青春的快乐，同时也需要完成自我塑造。通过心理自助，最终从一个小男生、小女生逐渐成长为一个有着健全人格的人，成长为一个对社会、对家庭、对自我有着相对完整认知的人，成长为能够为自己的未来做主的人。这才是一个最充实、最有价值的青春。每个梦想都值得我们认真对待，每个青少年都是未来的希望。在青春之中，我们不仅要有欢乐，同时也要拥有未来！

本丛书是你化解烦恼的“心灵鸡汤”，可以给你增加快乐的心理自助法则；本丛书会让你认识到：掌控心理，方能掌控世界；改变自己，才能改变一切。本丛书还将告诉你：只有实现积极的心理自助，才能收获快乐而充实的青春。

目录

第一篇 注重理解：了解透彻的东西印象最深

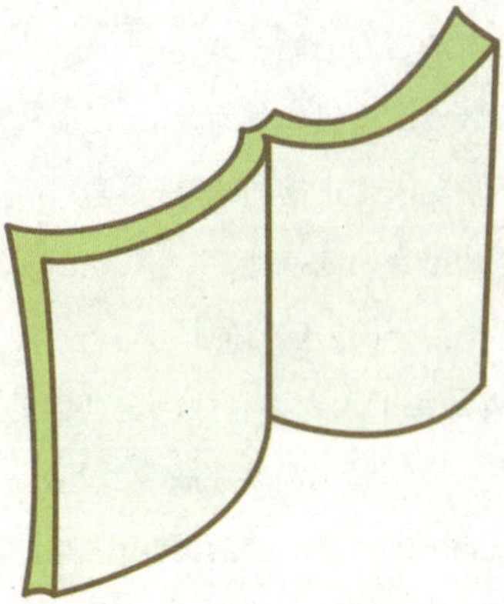

第二篇 坚持学习：改善记忆力不是一两天的事情

第三篇 科学用脑：为"越来越聪明"提供条件

目录

第四篇 端正心态：好心情可以激发最佳脑力

第五篇 活用技巧：利用巧妙的方法来强化记忆力

第一篇

注重理解：了解透彻的东西印象最深

只有深刻理解后的知识才能牢固地记住。所谓理解是指当提到某一知识时，头脑中就能够想到跟它有关的事实，知道它的应用或意义，了解它跟有关知识的联系。

理解基础上的记忆和记忆前提下的理解相统一。感性认识是理性认识的基础，没有记忆，不可能上升到理解；了解透彻的知识印象最深刻，理性的认识比感性认识更可靠、更正确，没有理解，记忆就像散沙一样，失去应用的价值。

只有理解才能记得深刻

故事话题

宋代有个叫陈正之的福州人，他先天发育不良，脑袋不大灵光，像个半痴半呆的木头娃娃，从他的童年时候起，人们就送给他一个绰号，叫陈傻子。陈正之自己也清楚，他并不忌讳人家这么叫他。

等他到了上学识字的年纪，进学堂读书后，老师对这个学生的记忆力也蛮头疼的，每次最多只能教给他四五个字，因为教多了就糊糊涂涂，有时候一篇文字很少、内容很浅显的文章，别人读不了几遍就可以背诵如流，而陈正之却往往要读几十遍甚至百十来遍才能结结巴巴地背下来。正是因为这些缘故，陈正之经常受到同学的讥笑，家里人和亲戚朋友也对他的学业没抱什么希望，觉得这孩子也就这样了，将来也别读书了，帮着家里做做农活就算了，陈正之从小就这样被一种无形的压力重重地压迫着。

陈正之虽然压力山大，心里难过，但他却从未放弃对读书的追求，他不自暴自弃，对前途不灰心，学习上更不偷懒。他认识到自己的傻、笨是客观存在的事实，是他的缺陷所在，而在这个客观事实面前，用什么办法来弥补自己的缺陷才是最关键的。他左思右想，认为“以勤补拙”是个好办法。他想：别人读一遍，我就读三遍四遍，甚至八遍十遍；别人用一个时辰来读，我就用几个时辰去埋头苦读，一句一句读，一个字一个字地记，总可以变得聪明些吧。

陈正之说到做到，他花了别人两倍甚至五倍的时间来背文章，但是收效甚微，等他长大成人之后，并没有做出什么像样的学问来。有一次，他前去拜会当时最大的学者朱熹，向朱熹请教记忆之法。

朱熹询问了他的读书过程以后，给他一番忠告：以后读书不要只图快，哪怕每次只读五十字，重复读上多遍，也比这样一味往前赶效果好。读的时候要用脑子想、用心记，只有理解了才能记得牢固。

陈正之这才明白，他读过的书所以记不住，不全是因为他的记性不好，而是学习目的不明确，方法不对头，他把读书多当成了读书的目的，忽视了对书籍内容的理解和记忆。这样匆忙草率地读书，既不消化书中的内容，又不有意识地进行记忆，记忆效果当然不好。自那以后，陈正之接受了朱熹的劝告，每读完一段书，就想想这段书讲了些什么，有几个要点，并且留心把重要的内容记住。经过日积月累，他终于成了一个有学识的人。

故事解析

我们在记忆背诵的时候，经常会遇到麻烦，常常读了很多遍也记不住，有时候勉强记住了，可第二天就忘记了，这是因为我们记忆的方法出了问题。

很多人通常以为“读书万遍，其义自见”，认为只要我背会了，也就理解了，这种说法其实是不太科学的。正确的记忆方法应该是对记忆材料进行分析、研究，尽量掌握其内容实质，这样才能记牢背会。也就是说，对识记材料务求必懂，不能囫囵吞枣。

我国古代许多学者都很重视这点，宋朝的陈正之是其中比较有名的一位。他的例子告诉我们，进行记忆的第一步是要弄清材料的精神实质，把握事物的内在规律，千万不能停留在一知半解、似是而非上，更不能不懂装懂、自欺欺人，这样就很难进行高效的记忆。

许多名人成功的经验告诉我们，记忆知识尤其是数理知识，一定要注意弄明白公式是怎样推导出来的；学习语言，要着重弄清音、形、义；学习诗文，要先掌握内容，抓住中心。这样大大胜过死记硬背的单纯记忆。

故事穿越

曾国藩小时背书也十分辛苦，为了把文章背下来他常常熬夜。有一天夜里，曾国藩打开书本，决定一定要把这段文章背下来，否则就不睡觉，他背呀背呀，背了很久也没背出来，这时候有一位盗贼摸到曾家来行窃，盗贼进来一看居然有人还没睡觉，于是躲在曾国藩房间的房梁上，想等曾国藩睡觉去了再下来行窃。

这一等就是好久，曾国藩反反复复地背同一篇文章，怎么都背不熟。他不入睡盗贼就无法行窃。盗贼等了几个时辰，眼看天都快亮了，曾国藩

还没背完那段文章，盗贼实在受不了了，于是从房梁上跳下来，指着曾国藩的鼻子破口大骂说：

“你他娘的还有完没完？就这么一篇短文章还背不下来？我听你背书耳朵都磨出硬茧子了！你背文章从来都不动脑子吗？理解记忆懂吗？你小子听着，老子我给你背一遍！”说罢盗贼一口气把那篇文章背完，然后扬长而去。

曾国藩后来成了大器始终忘不掉这件事，他发现自己居然还没一个盗贼会背书，从此不管背什么，他都要先理解透彻。

故事微语

记忆的基础是理解，建立在理解基础上的记忆才是有意义的记忆，这样的记忆最轻松，也最不容易遗忘。

人们常说，理解是记忆的第一步。在我们的日常生活和工作中，经常有许多事物应该记住但却没有记住，其原因不是别的，往往是由于只注意强记，而忽略了对本质的理解。理解是记忆的前提和基础，是最基本、最有效的记忆方法。正如格言所说：“若要记得，必先懂得。”日本教育界也提倡的一句口号是：“要理解，不要死记硬背！”

心灵箴言

字求其训，句索其旨。

——朱熹

我读书宁肯少些也要懂透些。

——徐特立

学生首先应当学会理解事物，然后再去记忆他们。

——[捷克] 夸美纽斯

对待问题时要勤于思考

故事话题

著名科学家伽利略于 1564 年出生于意大利的比萨城，他出生的地方离举世闻名的比萨斜塔并不远。父亲是个破产贵族，破产贵族除了贵族身份其他什么都没有，当伽利略来到人世时，他的家庭很贫穷。

17 岁的时候伽利略就考进了比萨大学。在大学里，伽利略不仅努力学习，而且喜欢向老师提出问题。哪怕是人们司空见惯、习以为常的一些现象，他也要打破砂锅问到底，弄个究竟。

有一次，伽利略站在比萨的天主教堂里，眼睛盯着天花板，一动也不动。来教堂祈祷的人都不知道伽利略在干什么。其实，伽利略看的不是天花板，而是天花板上来回摇摆的灯。他发现，灯的摆动虽然越来越弱，摆动的距离也在逐渐缩短，但是，每一次摇摆需要的时间却是一样的。有人会问：伽利略怎么知道时间是一样的呢？因为他的右手按着自己的脉搏，以脉搏的跳动作为一个时间的参照得出了这个结论，从这个实验中，伽利略找到了摆的规律。因为这个规律，人们制造出一个比沙漏更加精确的记时器——钟摆。

后来，因为家庭贫困，伽利略交不起学费而不得不提前离开大学。失学后，伽利略仍旧在家里刻苦钻研数学。由于他的不断努力，在数学的研究中取得了优异的成绩。同时，他还发明了一种比重秤，写了一篇论文，题目为《固体的重心》。这时的伽利略只有 21 岁，但已经闻名全国，人们称他为“当代的阿基米德”。在他 25 岁那年，比萨大学破例聘他为数学教授。

固体的中心

故事解析

思考是人类最频繁的心理活动，思考体现着个人最大限度的智慧。思考是一个民族创新能力的源泉，思考与一个国家未来发展息息相关。思考对于人类的前途有着重大而深刻的意义。

勤于思考的人能把知识变为己有。思考是人类基本的精神活动。思考权是人类最基本的权利。能否思考是区别人和其他动物的重要标志。而思考的深度和广度则是伟人区别于常人之处。

伟大的人心中都有哲思，他们都有勤于思考的习惯。不思考的人，不知道事物的真相，只能靠经验和猜测去行动，生命没有新的活力，没有光亮和前景。生活对他们而言，只是漫无目的的奔波。

我们无法控制自己的出生，我们不能自己选择做王子，做富二代，但我们可以通过思考去避免成为罪犯和乞丐，因为思考能力是我们能够完全控制的东西。没有正确的思考，就不会有正确的行动。古今中外那些成大事者，他们善于发现问题、思考问题、解决问题，他们不让问题成为人生的难题，那是得益于思考，是思考支撑起了他们的人生。

敏锐的思维不会从天上掉下来，而是需要严格训练和培养的。一个人能否成才，最关键的在于他能否进行有效的思考能力的锻炼。纵观世界上那些有杰出贡献的人，他们各有各的成功路，但路上总有一个共同的路标，那就是思考。

故事穿越

有一次，美国HBO电视台的主持人威廉在节目中问一个名叫艾米丽的8岁小女孩：

“艾米丽，你长大以后想做什么？”

女孩很自信地答道：“总统。”

全场观众都笑了。威廉做了一个滑稽的吃惊状，然后问：“哦，你可真不简单。你知道，美国至今还没有过一位女总统，说说看这是为什么？”

艾米丽想都不想就回答：“因为男人不投女人的票。”

全场又是一片笑声。威廉说：“你确定是因为男人不投票吗？”

女孩点头说：“当然肯定。”

威廉意味深长地对全场观众说：“愿意投艾米丽票的男人举手。”伴随着笑声，有不少男人举手。威廉得意地说：“你看，有不少男人愿意投你的票呀。”

艾米丽不为所动，淡淡地说：“还不到三分之一。”威廉做出不相信的样子，对观众说道：“请在场的所有男人把手举起来。”话都说到这份儿上了，哪个男人敢不举手？哄堂大笑中男人们纷纷把手举了起来。

这时候艾米丽的表情很奇怪，她不高兴地说：“他们并不诚实，他们心里都不愿意投我的票。”

很多人目瞪口呆，也有人鼓起掌来，这时候威廉对艾米丽说：“嗨，艾米丽，不要在意这个，很多时候人们选择你，不是因为你最优秀，而是因为在一堆人中，你最不令人失望。”

故事微语

很多人把阅读和思考混为一谈，其实是不对的。书本上的东西是别人的，是死的，我们要通过思考，才能把它变成自己的，变为活的。如果没有思考，读书也就失去了意义。有的人读书虽然多，但缺乏思考，他们只会背书而没有真知灼见；有的人读书不多，但分析起问题条理清晰，内容深刻。子曰：“学而不思则罔，思而不学则殆。”读书不思考，等于吃东西不消化，只有把感性的东西变为理性的，把零散的东西变为系统的，把静止的东西变为动态的，把无关紧要的东西变为相关的，我们才能在前人认识的基础上进行创新和超越。

心灵箴言

我思故我在。

——[法] 笛卡儿

思维是灵魂的自我谈话。

——[古希腊] 柏拉图

思考是人类最大的乐趣。

——[德] 布莱希特

在日常生活中发展思维能力

故事话题

爱迪生只在学校读过三个月书，他几乎完全靠自学成才，在他成为大发明家，成立自己的公司之后，爱迪生开始招募一些高学历的人才来他的实验室里工作，阿普顿就是其中的一位。

阿普顿是普林斯顿大学的高材生，又去德国深造过，无论是数学还是物理，阿普顿都非常精通。他一毕业，就慕名来到爱迪生的实验室里当助手。

有一天，爱迪生把一个还没有制成成品的玻璃灯泡交给阿普顿，让他测算一下这个梨形玻璃灯泡的体积是多少。接到任务后，阿普顿马上找来了尺子，他忙乎了半天，又是量尺寸，又是画剖面图、立体图，还列了一大堆算式计算，但灯泡的形状并不规则，不是圆形，也不是椭圆，阿普顿的一些公式根本不适用。急得满头大汗，无从下手，一连换了几十个公式，花了两个多小时，还是没有算出结果来。

爱迪生在实验室实在等不及了，便走到阿普顿的工作间，只见阿普顿一脸窘相，再看看那几张白纸上，密密麻麻地列满了算式，可依然没有得出答案，便拍拍阿普顿的肩膀，笑着说："你这样计算实在是太浪费时间了，也不准确。"

阿普顿疑惑地说："我实在是没辙了。先生可有什么好公式？"

爱迪生不说话，拿起玻璃灯泡，将水倒了进去，然后交给阿普顿说："你去把灯泡里的水倒进量杯，看看它的体积刻度，那就是灯泡的体积了。"

阿普顿茅塞顿开，爱迪生的办法才是最快捷而精确的办法！没想到他自己绞尽脑汁花了半天工夫也没算出的答案，竟然被爱迪生一眨眼的工夫就解决了。

爱迪生拍了拍阿普顿的肩膀，意味深长地说："年轻人，有时候生活是最好的学校，生活经验是最好的公式。"

故事解析

生活本身就是一门哲学，甚至是一门科学。生活会教会人们在学校和书本上学不到的东西。我们只有在日常生活中不断思考，不断总结，才会让自己进一步提升。在大多数情况下，在生活中历练思考过的人，要比刚踏出校门的人更成熟更有魅力。我们在平时不要醉心于一些纸醉金迷的生活，那样你将失去自由，我们应该在日常生活中勤于思考，像爱迪生那样做，哪怕你做不了爱迪生那样的人，但思考，总会让人进步。

当你回顾自己平时的生活时，是否有许多你曾经梦想的事物你却并没有去实践它？是否因为把时间都花费在其他无关紧要的事情上而不去思考？如果你不能在日常生活中发掘你的天赋，那么你的人生就会悄悄溜走。

故事穿越

叙拉古赫农王让工匠替他做了一顶纯金的王冠，做好后，国王起了疑心，万一工匠在金冠中掺了假怎么办？但这顶金冠确与当初交给金匠的纯金一样重。于是国王叫来了阿基米德，让他在不破坏王冠的情况下测试真假。

阿基米德这下也被难住了，不破坏王冠，又不能再造一个纯金王冠来比较，这可怎么办才好？阿基米德冥思苦想而不得要领。

有一天，阿基米德在家洗澡，当他坐进澡盆里时，看到水往外溢，同时感到身体被轻轻托起。他突然悟到可以用测定固体在水中排水量的办法，来确定金冠的比重。他兴奋地跳出澡盆，连衣服都顾不得穿上就跑了出去，大声喊着“尤里卡！尤里卡！”（意思是“我知道了”。）

他来到了王宫请求觐见国王，并向国王借了一些金子，随后，阿基米德把王冠和同等重量的纯金放在盛满水的两个盆里，比较两盆溢出来的水，发现放王冠的盆里溢出来的水比另一盆多。这就说明王冠的体积比相同重量的纯金的体积大，密度不相同，所以证明了王冠里掺进了其他金属。

故事微语

在每个人的日常生活中，都会发生大大小小很多事情。特别是小事情，几乎每时每刻都在发生。很多人对于发生在自已身边的事，基本上是不太在意的，就像阿基米德，洗澡能发现浮力定律，而我们洗澡却只能发现水温够不够，这就是思维的差距。

世界上有一种人，他们无时无刻不在思考。这种人大多是发明家和创新者，因为发明创造必须要有灵感，而灵感来自日常的生活。注意身边的小事情，注意最简单、最平常的东西,如果以一个不平常的角度观察就是灵感,艺术家与一般人最大的区别，在于他们会重视别人看起来理所当然的事情，并且总能从中找到灵感。

心灵箴言

不下决心培养思考习惯的人，便失去了生活中最大的乐趣。

——[美] 爱迪生

思维世界的发展，在某种意义上说，就是对惊奇的不断摆脱。

——[美] 爱因斯坦

人应当相信，不了解的东西总是可以了解的，否则他就不会再去思考。

——[德] 歌德

逻辑的世界里不能缺少想象力

故事话题

诺贝尔物理学奖，在很大程度上是一个关于逻辑和想象力的奖项，因为这个奖基本上不是颁给理论家，就是颁给实验家。2010 年的诺贝尔物理学奖得主，是英国曼彻斯特大学的科学家安德烈·海姆和其学生康斯坦丁·诺沃肖洛夫。他们能够进入这座殿堂，是因为他们的逻辑严密而且具有想象力。年仅 36 岁的诺沃肖洛夫和他的老师，发明了一种制作超薄材料石墨烯的“突破性”方法，石墨烯是一种超薄材料，比最好的钢铁硬 100 倍，比钻石还要坚硬。但是你能想象吗，他们用到的材料仅仅是铅笔和胶带！

石墨烯是一种从石墨材料中剥离出的单层碳原子材料，其超强硬度、韧性和出色的导电性适合制造超级防弹衣、超轻型火箭和超级计算机。近年来关于石墨烯的应用最大的困难便是成本，因为如果想投入实际生产，必须找到一种方式来量产高质量的石墨烯薄膜。

为此，几十年来，科学家们从未停止过各种方法的萃取或合成试验。但是收效甚微，直到安德烈·海姆和其学生康斯坦丁·诺沃肖洛夫横空出世，他们做到了这一点。将石墨(铅笔成分)分离成小的碎片，从碎片中剥离出较薄的石墨薄片，然后用胶带粘住薄片的两侧，撕开胶带，薄片也随之一分为二，不断重复这一过程，最终得到了只有单层碳原子的石墨烯。这听起来简单得不可思议。

他们的想象力从哪里来？看看他们的其他趣味研究吧：在 2000 年，海姆的另一项发名曾经为他获得了“搞笑诺贝尔奖”——这是一种民间评选的搞笑奖，当时海姆用磁性克服重力作用让一只青蛙漂浮在半空中。而在 2003 年，海姆曾经设计出一种有着极小绒毛的材料，它能模仿壁虎脚上的绒毛，将一平方厘米的这种材料放在垂直平面上，就可以支撑起一公斤的重量，实现“壁虎爬墙”。

事实上，铅笔和胶带的组合并不如想象中那样简单，因为撕出一个原子那样小的东西并不容易，需要在漫长的时间里进行难以计数的重复试验。但是，诺贝尔奖评选委员会用了这样一句话来形容这对师徒：把科学研究当成快乐的游戏。

故事解析

纵观历年的诺贝尔奖得主，有关想象力的故事并不少见。很多人认为，逻辑本身就非常枯燥，而要在这么枯燥的世界里寻求想象力，岂不是缘木求鱼，让人抓狂吗？其实，在获得诺贝尔奖的大师心中，“枯燥”和“寂寞”对他们而言并不是一件难事，想象力更是源于生活，大师们总是能够很洒脱地谈起他们的兴趣和偏好，因为这种特质已经深入他们的骨髓。

要知道，诺贝尔奖带给他们和世人的最大财富，并不是荣耀，更不是那看似还算丰厚的奖金。而是一种对科学对知识对人类负责任的态度，如果我们每个人都能够在诺贝尔奖得主的成功经历中领略科学的真谛，领略对人类的爱与思考，如果我们的老师们能够在我们的教育中鼓励这种想象力和创造力，如果我们的社会能够足够宽容，能够为那些看上去与众不同的孩子、特立独行的学生和桀骜不驯的学者们保留一些空间，如果我们的孩子不是因为升学加分而是因为爱好才走进奥数班和兴趣小组，那么我们这个国家的科技和人文，距离收获和成功也就不远了。

故事穿越

美国的莱特兄弟是人类历史上第一架动力飞机的设计师，他们为开创现代航空事业做出了不巧的贡献。他们的故事被广为传诵。

威尔伯·莱特出生于1867年4月，4年后，弟弟奥维尔·莱特出世。从小两兄弟就对机械设计和维修非常感兴趣，他们善于思考，有着异常丰富的想象力。他们平时聊天，要么讨论某一个机械的结构，要么就去看工匠们修理机器。他们的手艺精湛，经常能够做出一些有创新意义的小玩具，比如，一个可以自由转弯的雪橇等等。

有一天，出差回来的父亲给莱特兄弟带来一件礼物，一个会飞的蝴蝶。父亲给玩具上了发条，这小东西便在空中飞舞起来。小兄弟俩高兴得不得了，他们围着蝴蝶玩了很久，最后他们觉得它飞得不够远，于是仿造玩具的样子又做了几个更大一些的。这些仿制品有的能够飞越树稍，有的飞了几十米远，他们甚至还做了个有一个人那么大的机械蝴蝶，但却没能飞起来。这并没有让他们难过，反而激起了兄弟俩制造一种大型飞行器的念头。

1894年，莱特兄弟在代顿市开了一家自行车铺用以为生。他们能够自立更生后，把精力全部投入到实现童年时的梦想中。那个没能飞起来的蝴蝶是莱特兄弟此生最大的梦想，他们开始着手制造飞行器，而这一想法也得到了斯密森学会的赞助。学会的副会长写了一封热情洋溢的信件，并寄来了好多机械方面的参考书籍。兄弟俩大受鼓舞，一有时间，他们就钻入书堆如饥似渴地饱读。很快，他们造出了第一架飞行器。

1900 年 10 月，他们的第一架滑翔机试飞了，但是，试飞的结果不尽人意，飞机只能勉强升空而且很不稳定，问题究竟出在哪儿呢？经过认真的分析，莱特兄弟发现原来他们所沿用的前人的数据是错的，于是他们制造了一个风洞，以便通过实验修正数据。

这个风洞仅仅是一个 6 尺长，每边 12 寸宽的木箱，箱子的一端，鼓风机以一定的速度向里吹气。与现代的高速风洞相比，它真是简陋至极，然而就是这个小小的辅助工具却帮了兄弟俩大忙，他们通过它得出了许多新的结论。

有了这个风洞测试出的第一手资料，兄弟俩设计出的第三架滑翔机终于获得了成功，无论是在强风还是微风的情况下，它都可以安全而平稳地飞行。

莱特兄弟并未满足于滑翔机，他们很快就投入到动力飞机的研制中去。不久，他们设计出一种性能优良的发动机和高效率的螺旋桨，然后通过滑翔机进行改良，终于组装出了世界上第一架动力飞机。

故事微语

心有多大，世界就有多大。人生在世，没有想象力是不行的，莱特兄弟如果没有想象过像鸟儿一样飞翔，就不可能造出飞机。有多大的想象力，就会有多大的成就。但是，光有想象力也不能成功，还必须有着缜密的逻辑思维。如果说，想象力决定着你飞行的高度的话，那么逻辑思维则决定着你飞行的安全度。打个比方，如果莱特兄弟不是特别严谨的话，他们很可能在第一次飞行试验中就摔死了。

在这个世界上，绝大多数的人都是埋头生活的，随波逐流。大多数人对未来都没有足够的想象力，他们或许之前有，但后来便麻木了，如果你足够幸运，还没有抛弃你曾经拥有的那丰富的想象力的话，那么请好好修炼自己的逻辑吧，因为和碌碌无为的众人相比，你已经手握成功的钥匙，只需找到成功的大门。

心灵箴言

幻想是极其可贵的品质。

——[苏联] 列宁

每一个时代都是靠幻想养育的，以免人们过早地放弃生活，使人类走向死亡。

——[英] 康拉德·约瑟夫

今天比以往任何时候都更需要幻想、梦想和预言，即对潜在的明天的想象。一些世界上最大、最铁石心肠、曾经是现在主义的化身的公司今天却雇用直觉的未来学家、科幻作家和幻想家做顾问。

——[美] 托夫勒

联想是打开思路的催化剂

故事话题

瓦特发明蒸汽机的故事代代相传。有一次瓦特在厨房里看祖母做饭。灶上坐着一壶开水。开水在沸腾。壶盖噼里啪啦地作响，不停地跳动。瓦特观察好半天，感到很奇怪，猜不透这是什么缘故，就问祖母："是什么玩艺让这个壶盖一直跳呢？"

祖母回答说："水开了，它就这样。"瓦特对这个回答不满意，又追问："为什么水开了壶盖就跳动？是什么东西推动它吗？"祖母听了这话懒得搭理他，不耐烦地说："不知道，也许上帝让它跳的。"

瓦特没有得到答案，可是他并不灰心。连续几天，每当做饭时，瓦特都蹲在火炉旁边细心地观察着。起初，壶盖很安稳，过了一会儿，水要开了，发出哗哗的响声。这时候壶里的水蒸气冒出来，吐着很多泡泡，推动壶盖上下跳。蒸汽不住地往上冒，壶盖也不停地跳着，好像里边藏着个魔术师在变戏法似的。

瓦特高兴极了，几乎叫出声来，他把壶盖揭开盖上，盖上又揭开，反复验证。他还把杯子、调羹遮在水蒸气喷出的地方。瓦特终于弄清楚了，是水蒸气推动壶盖跳动，这水蒸气的力量还真不小呢。

这件事给瓦特带来了巨大的影响，他长大以后，利用水蒸气的原理发明了蒸汽机，在1769年，瓦特把蒸汽机改造成为发动力较大的单动式发动机。后来又经过多次研究，于1782年，完成了新式蒸汽机的试制工作。

故事解析

人类历史上任何进步的发明和创造，几乎都离不开联想，无论是飞机、汽车、火车，还是轮船，我们赖以生活的每一件事物，都是联想的产物，人们看到鸟儿在天空中飞翔，便联想到插上翅膀我也可以飞翔；人类看到骏马在大地上奔驰，便联想出了马车，继而发明了汽车和火车；人们看见鲸鱼在海中浮沉，便造出了庞大轮船。不仅是科技，就连文学，甚至任何优秀的诗歌散文和戏剧电影，几乎都难以离开联想。究竟什么是联想？在中国神话中，女娲通过自己的形象造出了人类，这也是联想。联想是心灵对事物的复制，是万物创造之源。

故事穿越

萨缪尔·莫尔斯诞生于美国马萨诸塞州查理镇，父亲是知名的地理学家。他毕业于耶鲁大学美术系时，只有19岁。1832年秋天，已任美国国立图画院院长的莫尔斯从欧洲考察和旅游回国时，在一艘从法国勒阿弗尔港驶往美国纽约的“萨利”号邮客轮上，认识了一位美国医师、化学家、电学博士查理·托马斯·杰克逊。

当时杰克逊参加了在巴黎召开的电学讨论会后回国，谈到了新发现的电磁感应，引起了莫尔斯极大兴趣。“杰克逊先生，电磁感应是怎么回事呢？”莫尔斯好奇地问。

“你看一下实验就清楚了！”杰克逊说，就从皮包里取出一些电器材料放到桌上，然后给绕在蹄形铁芯上的铜线圈通上电。只见桌上的铁片、铁钉都被那铁芯吸上了。不一会，断了电，那些铁钉、铁片很快就掉了下来。

“导体在磁场中做相对运动会产生电流，通电的线圈会产生磁力，这种现象就叫电磁感应现象！”杰克逊简要解释道。

“我虽然不懂电学，经过您的指教，使我开了窍。非常感谢！”莫尔斯回到自己的房间，久久不能平静，感到电磁感应把他引到了一个广阔的天地。他利用在船上休闲的时间兴致勃勃地阅读了杰克逊借给他的有关论文和电学书本，画家的丰富想象力使他萌发了一个遐想：“铜线通电后产生磁力，断电后失去磁力。要是利用电流的断续，做出不同的动作，录成不同的符号，通过电流传到远方，不是可以创造出一种天方夜谭式的通信工具了吗？”

他越想越入迷，觉得这个极妙的理想正是人类梦寐以求的愿望，一定要实现它。他毅然下决心去完成“用电通信”的发明。

经过十多年的努力，莫尔斯，一个画家，居然搞出了19世纪最伟大的发明之一——电报！他发明的符号成为电信史上最早的编码，后被称为“莫尔斯符号”。

1872年4月2日莫尔斯逝世后，纽约市人民特地在中央公园为他建造了一座雕像，以永远纪念他为人类做出的巨大贡献！

故事微语

在莫尔斯发明电报后的几百年间，人们在电子通讯业中取得了长足的进展，我们每个人都是莫尔斯发明的受益者，不信的人可以摸摸自己兜里的手机。我们在享受前人联想的成果之时，不妨怀着敬意向前辈们学习，虽然联想人人都会，但把联想用在正途，打开自己的思路，才是我们学习的目的。

心灵箴言

今天，我们苦于缺少乌托邦的设想。

——[美] 托夫勒

联想是通向科学探索的必需的和首要的步骤。

——[美] 查尔斯

缺乏智慧的幻想会产生怪物，与智慧结合的幻想是艺术之母和奇迹之源。

——[西班牙] 哥雅

第二篇

坚持学习：改善记忆力不是一两天的事情

俗话说“书山有路勤为径”，只有坚持不断地学习，才能获得知识的慰藉、心灵的启迪、思想的火花，才能开阔眼界、开阔思路、开阔胸襟。学习是一种责任、一种精神的追求，我们应当持之以恒地苦读钻研，在点滴积累中不断提高驾驭知识的本领。“千里之行，始于足下”，改善自己从来就不是一两天就能做到的事情。

别说不可能，任何人都蕴含着无限潜力

故事话题

在日本的《朝日新闻》上曾经有一则报道，一位妈妈有一个4岁的女儿，因为妈妈已经离了婚，所以，她和小女儿相依为命，女儿每天早上起来的时候，都会很高兴地抱着妈妈亲一口。

妈妈有一天要去买菜，她知道女儿10点才会起床，于是她9点去买菜，计划10点以前回到家，那时候还可以被女儿抱着亲一口。但没想到的是，女儿9点半就起床了，而女儿起床后看不到妈妈时非常着急，就大声地叫"妈妈！"

妈妈在菜市场还没回来，当然听不到，于是小女孩到处找，找了很久也没找到妈妈，女儿最后跑到阳台上，哭着喊着要妈妈，过了一会儿，女儿突然看见妈妈提着菜篮子回来，于是就大声叫"妈妈！"

妈妈也看到了女儿，见女儿在阳台上，妈妈很担心，也大声喊："小心点啊，不要掉下来啊！"说完还对女儿挥了挥手。

女儿没听清妈妈说什么，也没看懂她妈妈的手势，见妈妈在招手，以为妈妈让她跳下来。于是就跳了下来。

女儿从十楼跳了下来，人们都惊呆了，就在这千均一发之刻，她妈妈竟然在一两秒之内跑了20多米远，一伸手把女儿给接住了。

这个新闻发布出来以后，立刻震惊了整个日本，很多新闻界的记者采访她们，但是，所有的记者又都不相信。这位妈妈说可以再试一次，但不能拿她的女儿试，有人建议用枕头。于是，就把枕头装上一样重量的棉花，拿到四楼。当试验的人一喊开始，这位妈妈就跑。但试了几次，都是跑不到一半枕头就掉下来了，她一次也没接到。

后来，又找到日本短跑第一的名将来试试看，结果一样是接不到。人们都普遍认为，这是爱激发的潜能，是超越人类极限的力量。

故事解析

永远不要轻易地说出这句话——我做不到。实际上，孟子早在几千年前就说过，摘月亮，你可能的确做不到，但递给老人一根树枝，每一个人都能做到，不是不能，而是不想。时至今日，人类已经能够登月，但在车上给老人让座，还是很多人都做不到的一件事。

我们每个人，身上都蕴含着巨大的能量，只是我们自己不知道罢了。爱因斯坦在死后，曾经把遗体捐献给科研机构做研究，结果表明，即便伟大如爱因斯坦者，他的大脑的开发率仅仅只有10%多一点，试想如果人类能将大脑开发到100%，甚至50%，那人类将会有多大的能耐！

现实却是，我们很多人对大脑的开发甚至不到1%，我们往往不愿意去相信自己的能力，每个人身上都蕴含着无穷的潜力，问题是如何才能激发自身的潜力。

茫茫人生路，借问潜力为何物？经历过世态炎凉的人说，潜力是大海的一艘快艇；经历过艰辛研究的人说，潜力是成功路上的垫脚石；经历过几十年探索的人说，潜力是不踏前人的创新。其实潜力并没有常态，它只是一块闪闪发亮永不黯淡的金子，但它藏得很结实，需要我们去寻找，但首先你必须有足够的自信。

故事穿越

有一个名叫派翠西的美国人，因为一次交通事故导致双腿无法行走，已经依靠轮椅生活了20年。他时常觉得自己的人生失去了意义，于是沉溺于酒精的麻醉之中，喝酒成为他忘记愁闷和打发时间的最好方式。

有一天，他从酒馆出来，照常坐轮椅回家，却碰上3个劫匪要抢他的钱包。他拼命呐喊、拼命反抗，劫匪被惹得毛了，竟然用打火机把派翠西的轮椅给点着了。轮椅很快燃烧起来，死亡的恐惧犹如一双无形的手扼住派翠西的喉咙，求生的欲望让他忘记了自己身患残疾。

生存还是死亡，这是一个问题，派翠西想都没想就做出了回答，他立即从轮椅上站起来，一口气跑了两条街。当他惊魂未定地走进一家超市的时候，他才发现自己的双脚竟然牢牢地站在了地上。

后来，派翠西回忆说："如果当时我不逃，就必然被烧伤，甚至被烧死。我忘了一切，一跃而起，拼命逃走。当我终于停下脚步后，才发现自己竟然会走了。"现在，他已经找到了一份工作，目前能够与正常人一样行走，甚至还能到处旅游。

故事微语

潜力是晴日骄阳，使满眼阴霾的人见到世界的美好。潜力是一轮明月，使平凡人的人生变得光芒四射。潜力是一盏明灯，使前途迷茫的人找到人生的目标。潜力往往要走到极限时才会被激发出来。所以给自己一片没有退路的悬崖吧，从某种意义上说，这是给自己一个向生命高地冲锋的机会。不要过于仰慕山的高度，只要激发出自己的潜力，你的生命可以如高山仰止。也不要过于惊叹于海的深度，只要激发出自己的潜力，你的灵魂可以似大海般深邃。

心灵箴言

路漫漫其修远兮，吾将上下而求索。

——屈原

走上人生的旅途罢。前途很远，也很暗。然而不要怕。不怕的人的面前才有路。

——鲁迅

人在身处逆境时，适应环境的能力实在惊人。人可以忍受不幸，也可以战胜不幸，因为人有着惊人的潜力，只要立志发挥它，就一定能渡过难关。

——[美] 卡耐基

成功并非一蹴而就，你最好反复学习

故事话题

美国好莱坞有个“鬼才”导演，名叫昆汀•塔伦蒂诺，他没有上过任何一节关于导演的课程，他之所以能够成为导演，是因为他看遍了音像出租店所有的片子。

昆汀于 1963 年出生在美国田纳西州，他的母亲是个狂热的电影迷，塔伦蒂诺出生的那一年，有部非常火的电影中的男主角名叫昆汀，于是她就直接给孩子起了这个名字。受母亲影响，小昆汀去得最多的地方就是电影院，耳濡目染，慢慢地也爱上了电影。

昆汀从小就有个梦想，长大了拍电影。可是梦想与现实相距太远，他家里很穷，根本没有机会接受系统的电影教育。昆汀 18 岁那年，高中还没毕业就辍学了，迫于生计，他只好出去打工，在曼哈顿的一家音像出租店做伙计。他每天都要整理数不清的录相带，顾客上门，他就帮他们推荐、查找需要的录相带，然后登记出租。

音像店的工作不是太忙，每天总有些空余时间。闲暇之时，昆汀最爱干的事就是找出自己感兴趣的电影，一盘接着一盘地看。在看过无数电影之后，昆汀看出了一些门道，电影在他眼里不再神秘，他心想，或许自己也能拍出这样的东西。

利用业余时间，昆汀开始自学表演，并尝试创作电影剧本。他一边构思剧本，一边不停地看电影，由原先的随意观看变为有目标的研究。就这样，利用在音像店的工作便利，他每天至少要看一至两部电影，几乎看遍了全世界所有经典电影。渐渐地，他不仅对世界各国电影的风格特点、构思技巧烂熟于胸，而且掌握了大量电影知识和拍摄技法，摸清了电影创作的基本规律和套路。俗话说，熟读唐诗三百首，不会写诗也会吟。他写起剧本从此得心应手。

出乎意料，他的第一部剧本竟被好莱坞导演看中，以 5 万美元买走。初试牛刀便大获成功，昆汀信心大增，从此便迈进电影大门。

1993 年，昆汀的电影《低俗小说》获得戛纳电影节金棕榈奖和奥斯卡最佳编剧奖，一举奠定了他在好莱坞的大师级地位。

故事解析

一个高中还没毕业的音像店伙计，引发了一场好莱坞地震。而这个店伙计学习电影的方法和途径，简直要令那些“根正苗红”的导演瞠目结舌，无地自容。有记者曾经问昆汀，你的创作灵感从何而来？昆汀回答说，我的灵感一半来源于生活，一半来源于看过的电影。其实只有四个字——熟能生巧。

事实上，无论是拍电影还是背诵或是做任何事情，或许一开始你觉得这简直是不可能完成的任务，又或许你在接触的时候觉得太难。请你记住，伟大的事业都有一个微不足道的开始，成功并不难，就是把简单的事情重复做。仔细想想，学拍电影难还是背书难？与前者比起来，后者几乎没有难度，而昆汀用实际行动告诉我们，只要反复地研究，世上就无难事。

故事穿越

赵普是中央电视台的一名新闻主播，而在20年前，他是一名保安。

赵普在初中毕业后直接就参军了。1990年退伍后，赵普在安徽省体育局下属的体育馆当了一名保安，但当时他的梦想是“成为一个像样的电视节目主持人”。从保安到电视节目主持人，距离似乎太大了，大得足以让人泄气。但赵普并没有气馁，他仍然执著于自己的梦想。每个月几百元的工资，大部分都被他用来购买有关主持艺术的书籍。

为了练好自己的普通话，咬准每一个字音，每天下班后，赵普都会将《新华字典》上的字连同拼音抄满6页，然后折成小卡片，放在衣兜里，一有时间就一个字一个字地练习。不到半年，赵普的普通话就已练得炉火纯青，就连当初曾笑话过他的同事，也都纷纷竖起大拇指，称赞他的普通话说得“顺溜”。

同时，为了练好形象和表情，他又专门从书店里收集了一些印有电视主持人形象的挂历，贴在镜子旁边，对照着模仿。终于，机会来了，赵普顺利通过面试成为了一名气象主播。赵普并未因此而满足，凭着决绝和勇气，只有初中文凭的他考取了北京广播学院播音系。最终顺利地进入了中央电视台。赵普的事迹告诉我们，反复学习，便能化不可能为可能。

《新华字典》

故事微语

在我国历史上，曾经有两个人因为没有反复学习而被时代遗弃，一个是江淹，另一个是方仲永。江淹年轻的时候才华横溢，当时人们称赞他“妙笔生花”，然而江淹并没有百尺竿头更进一步，最终落得个“江郎才尽”的下场；而方仲永小时候有“神童”之誉，出口成章，可是他父亲被利益迷惑，频繁带儿子去各种社交场合应酬，放弃了继续学习深造，结果方仲永几年后就“泯然众人”了。

神童尚且如此，凡人岂不更要努力？成功并非一蹴而就，在这个知识大爆炸的时代，方方面面的信息日新月异，我们只有通过每天不断的学习，获取更多的知识和信息，不断地提升自己各方面的素质和修养，只有这样，我们才能够在越来越激烈的竞争中占得先机。

心灵箴言

重复是学习之母。

——[英] 狄更斯

读书百遍，其义自见。

——陈寿

学而时习之，不亦乐乎？

——《论语》

“烂笔头”帮你更好地接纳知识

故事话题

美国心理学家巴纳特曾经在 1981 年做过一个研究，他的研究对象是在校大学生，巴纳特这个实验意在研究做笔记与不做笔记对听课学习的影响。

巴纳特拿出一份用 1800 字来介绍美国公路发展史的文章，以每分钟 120 个词的中等速度读给这些大学生们听。他把大学生分成三组，每组以不同的方式进行学习。

甲组是摘要组，巴纳特要求他们一边听课，一边动手摘写出要点。

乙组为看摘要组，要求他们在听课的同时，能看到甲组已列好的要点，但自己不动手写。

丙组为无摘要组，他们只是单纯听讲，既不动手写，也看不到有关的要点。

三组学生分别完成学习之后，巴纳特对所有学生进行回忆测验，检查对文章的记忆效果。

实验结果表明：在听课的同时，自己动手写摘要的甲组的学习成绩最好；在听课的同时看摘要，但自己不动手组的学习成绩次之；单纯听讲而不做笔记，也看不到摘要组成绩最差。

故事解析

有一种观点认为，在学习的时候，手里拿着教材，要看什么教材上都有，老师教的也不过是教材上的内容，因此上课只要听讲就行了，没必要记课堂笔记。巴纳特的实验证明了这种观点是错误的。

研究表明，对于同一段学习材料，做笔记的学生比不做笔记的学生成绩要好得多。这是因为做笔记的好处有很多，既有助于指引并稳定学生的注意，又有助于对学习内容的理解。何况记笔记的过程也是一个积极思考的过程，可调动眼、耳、脑、手一齐活动，促进了对课堂讲授内容的理解。

此外，记笔记还有助于对所学知识进行复习和记忆。如果不记笔记，复习时拿着书本从头翻到尾，根本找不到重点，时间花了，效果却不佳。如果在听课的同时记下讲课的纲要、重点和疑难点，用自己的语言记下对所学知识的理解和体会，这样在对照笔记进行复习时，既有系统、有条理，又觉得亲切熟悉，复习起来也会事半功倍。

故事穿越

明朝有个叫张溥的大文豪，一生著作宏丰，他所编述的书涉及文、史、经学各个学科，并且还精通诗词，尤其擅散文和时论。

然而张溥年轻的时候，天资并不聪明，记忆力也不出众，但他并没有因为自己的先天条件不足而气馁，反而更加努力，更有志气。

有一天，张溥的老师让张溥背诵课文，开始还很顺利，但到后面越背越生，老师一气之下，罚他抄写课文十遍。在抄写的过程中，张溥惊奇地发现，自己抄写到第五遍就会背了，而抄到第七遍的时候，他不仅可以更流利地背诵下来，而且能充分了解这篇课文的含义了。张溥高兴地说："眼过千遍，不如手过一遍啊！"张溥从罚抄过程中找到了提高记忆力的方法，那就是努力抄写、背书。

从此，张溥每读一本书，必定用手抄写，抄完读一遍，发现抄录本没有错误的话，他就把原书烧掉，然后背诵，如果背不出来，就再抄一遍，如此反复，六、七遍才停下来，不管春夏秋冬，张溥都是这个习惯，他甚至为书房取名"七录斋"。

崇祯四年（1631）张溥中了进士，后改庶吉士。几十年后，张溥成为了一个很有名望的文豪。

故事微语

好记性真是不如烂笔头，张溥虽然天生并不聪颖，但他找到了适合自己的学习方法，并坚持不懈，张溥的故事告诉我们，无论是学习，还是做任何事情，只要不放弃、不低头，坚持不懈，不断探索，勇往直前，总有一天，我们会收到成功寄来的“录取通知书”。

心灵箴言

善学者其如海乎。

——袁枚

夙兴夜寐，无一日之懈。

——王安石

只要心还在跳，就要努力学习。

——张海迪

举一反三，记忆需要系统化

故事话题

两百多年以前，德国有一位 9 岁的数学天才曾经让他的老师大吃一惊。这个小孩名叫高斯，后来成为一个伟大的数学家。

1787 年，在德国一所乡村小学的三年级课堂里，数学老师出了一道计算题：1＋2＋3＋4＋5＋……＋98＋99＋100=？

把 100 个数一个一个地加起来，这件事让三年级的小同学来做，是一种考验。不料老师刚说完题目，高斯就把他写好答案的小石板交上去了。起初老师毫不在意。这么快就交来，谁知道写了些什么呢？

但老师一看高斯给出的答案，居然是对的，再一看高斯的解答方法，更使老师惊讶不已。原来高斯把这 100 个数从两头往中间，一边取一个，配起对来，1 和 100，2 和 99，3 和 98，……，共计配成 50 对，每一对两个数相加都等于 101，于是这道题就变成了 101×50＝5050。

这种算法虽然不是小高斯首创，但是事先谁也没有教过他。在两百多年前的德国，这样的计算方法是在大学里讲授，叫作等差级数求和。即使在科学技术突飞猛进的今天，等差级数求和也要到高中数学课上才能系统地学习。

然而当年只有 9 岁的高斯，出身农户，家境贫寒，居然这样勤于动脑，善于动脑，对于数字有着如此天才般的敏感，用举一反三的方法做出了这道大学生才会的题，实在让老师感到无比震撼和欣慰。这位名叫彪特耐尔的老师从此非常照顾高斯，他特意去大城市汉堡买来数学书，送给高斯看，并且请自己的年轻助手巴特尔斯对高斯多多关照。

后来高斯继续勤奋学习，刻苦钻研，在数学、天文学和物理学中做出许许多多重大贡献，被称为“数学家之王”，和阿基米德、牛顿齐名。

故事解析

举一反三，来源于孔子对学生的一句话：“举一隅，不以三隅反，则不复也。”孔子的意思是，我给你们看一个墙角，你们的脑海里要想出三个墙角来，如果做不到的话，我就不给你们看墙角了。

其实孔子并不是要让大家看墙角，孔子的意思是，当你了解一件事情以后，可以把这个事情灵活运用到其他与之有关的事情当中，无论是学习还是记忆，举一反三可以让你学到的知识更加系统化。

《礼记》有云：“记问之学，不足以为师。”如果一个人光会背书记书的话，这个人是没资格当老师的，老师最重要的是要启发学生去思考，孔子就明确反对过“繁辞富说，博而不要”。他认为做学问，最妙的地方就在于举一反三、融会贯通，如果不能这样，那么将来只能当一个背书之人，而做不了著述的大才。

故事穿越

一座大山上有一家寺院和一个道观，佛家道家本就不是一个门派，而且同在一个山上，两家之间难免存在着竞争，这种竞争从香火钱一直影响到刚剃度不久的小和尚和小道士。

每天早上，两家都会分别派出一个小和尚和小道士去山下的市场买菜。因为他们总在同一个时间出门，所以每天都能碰面。而他们经常比试佛、道的高低和彼此的悟性。

有一天，小和尚问小道士："你到哪里去？"

"脚到哪里我就到哪里。"小道士回答。

问话的小和尚听对方这样说，好有悟性的样子，顿时就懵了，不知如何回答，站在那里无话可说。等他回寺院后，向师父请教，师父对他说："下次你碰到他就用同样的话问他，如果他还是那样回答，你就说：'如果没有脚，你到哪里去？'这样他就无话可说了。"小和尚听完点头称是，高兴地走了。

第二天早上，他没碰上前一天的小道士，却遇到另外一个，于是他满怀信心地问："你到哪里去？"

道士答："风往哪里去我往哪里去。"

提问的小和尚没料到他换了答案，一时语塞，又败下阵来。

小和尚回到寺院，将对方的回答再次报告给师父听，师父哭笑不得地说："那你可以反问他'如果没有风，你到哪里去？这是一个道理呀。"小和尚听了之后，暗暗定下决心，明天一定能够胜利。

第三天，他又遇到

前一天那个小道士，心里很高兴，心想：“哈哈！这回道士肯定不会换答案了。”于是问道：“你到哪里去？”

不知道是不是心情不好，小道士显得有些无精打采的，老老实实地说：“我到市场去。”

小和尚又一次无言以对。

他的师父听了之后，只能感叹说：“连最简单的举一反三都不会，你要如何才能悟得道啊？”

故事微语

洛仑兹曾经提出过一个非常有名的理论，名叫“蝴蝶效应”，算是外国版的举一反三。1979 年 12 月，美国气象学家洛仑兹在华盛顿美国科学促进会的演讲中提出一个著名的观点：一只蝴蝶在巴西振动翅膀，有可能在美国得克萨斯州引来一场龙卷风。这就是传说中的“蝴蝶效应”。

这个世界上任何事物都不是孤立无援的，彼此之间都有着千丝万缕的联系，就算我们死记硬背，我们也会常常发现，很多文章之间都是相通的。哲学有一个观点：事情之间是互相联系的。聪明的人通过蚂蚁搬家就可以推测出天气的变化，这就是举一反三的道理。

心灵箴言

学而不化，非学也。

——杨万里

想象力和现实融会贯通在一起的时候，才能以一种最完美的现实与幻想混合而成的姿态出现。

——[奥地利] 茨威格

读书，始读，未知有疑；其次，则渐渐有疑；中则节节是疑。过了这一番，疑渐渐释，以至融会贯通，都无所疑，方始是学。

—— 朱熹

很多书籍都能成为学习好帮手

故事话题

毛泽东一生特别喜欢读书。无论是和平时代还是战争年代，毛主席几十年如一日地读书，从不间断。他工作很忙，日夜操劳党和国家大事，可是再忙，也要挤出时间来读书，即使在到外地出差的列车上，也不放过读书的机会。

有一年夏天，毛泽东出差到武汉。武汉的夏天简直就是个“大火炉”，到了晚上，很多人都出去乘凉，但毛泽东却坚持点着蜡烛看书，热得满头大汗，他自嘲地对工作人员说：“读书学习也要付出一定的代价，流下汗水，才能学到知识嘛。”

在毛泽东的床上、办公桌上、饭桌上，都放着一摞书，只要有空闲，他就手不释卷地看起来。他总是一手拿着放大镜，一手按着书页。每当沉浸在书中的时候，他就忘了吃饭，工作人员催促他，他总是笑着说：“还有一点，看完再吃。”

毛泽东一生读了多少书，没法估计。就是到了晚年，毛泽东还经常因为看书到很晚而耽误休息，他的保健医生徐涛很担心他的身体，劝他多休息，但是他不听。

徐涛找了个机会和毛泽东到户外散步聊天。准备乘着聊天的时候劝劝主席，有一次他和毛泽东散步，毛泽东说：“我在湖南读师范的时候，喜欢社会科学，自然科学的书读得不多，还得补课。”

徐涛说：“我正好相反，社会科学的书读得太少，现在也得补课。”毛泽东兴致来了：“我们以后多聊点自然科学吧。”后来毛泽东一见到徐涛，就要追问他：“石油怎么开采？怎么炼？有哪些用途？”徐涛回答不了，就去查书，查完书再聊。这样一来，毛泽东常常向他提出新的问题，徐涛只得一次次地查书。

后来，徐涛发现自己读的书，毛泽东也在看，因而问的问题也越来越深，被他难住的时候就更多了。徐涛问：“主席，您是有意考我吧？”

毛泽东笑着说："哪里是考你？你在帮助我读书，帮助我增长知识。"

一听这话，徐涛茫然了：本想劝他少读书，其结果倒逼他多读书了。于是他趁势说："主席，您读书很多，但方法不科学。您这么整天读，不休息，太疲劳，违背辩证法嘛。"又说："主席，您电影不看，对打扑克、下棋没兴趣，体力活动不搞，长时间进行一种劳动，最容易疲劳。"毛主席却摇头了："你那点辩证法不全面，你对事物的理解也有局限。看文件累了看报纸，看正书累了看闲书，看大书累了看小人书，看政治书累了看文艺书，我这也是一种休息。你不承认？"毛泽东就是这样执著地看书，从未停歇。

故事解析

伟大如毛主席和鲁迅这样的人物，也离不开书本的熏陶。人在学习中，在生活中，在社会中，都是离不开读书的。人类的发展离不开学习，正如学习离不开书一样，读书可以挽救学习中捉襟见肘、底气不足、不能游刃有余的窘况。把读书当作一种乐趣，把读书和学习结合起来，做到博览、精思、熟读，这样才能让自己不断地成长。

读书如同在春天里漫步，感受“乱花渐欲迷人眼，浅草才能没马蹄”的生机；读书如同在夏日中徘徊，欣赏“接天莲叶无穷碧，映日荷花别样红”的瑰丽；读书如回味秋天，领略“停车坐爱枫林晚，霜叶红于二月花”的美景；读书如追忆冬季，感叹“墙角数枝梅，凌寒独自开”的精神。

读书不但可以长知识，更是一种生活的享受，当你身心疲惫的时候，坐在窗边，捧起一本书来，慢慢地读下去，你的疲惫之身得以安宁，你的浮躁之心感到了抚慰，读到动情之处，你的血液开始奔腾，感觉到自己生命在跳动，思维如泉涌一样迸发，灵感在心房跳着神秘的舞步。遨游于书中，您能感到无穷的智慧和幸福。

故事穿越

鲁迅先生也是一位读书达人，他从小在三味书屋的时候就酷爱读书，曾经制作一张书签，中间竖写着“读书三到：心到，口到，眼到”，夹在书页里。这个办法同学们很赞赏，大家都仿效起来。

当时也有不爱读书的同学，整天就只想玩，还常常背着老师拉别人一起玩。鲁迅为防止这些同学影响自己读书，就在书桌的左上角贴了一张三寸长二寸阔的红纸条，纸条上写着“君子自重”。

先生十岁的时候家道中落，祖父进了班房，父亲又病倒了，于是在读书之余，他还常常要帮助家里做些事，特别是经常为治父亲的病上当铺跑药店。有一次，因多做了些家务，读书迟到了，受到老师的责备，他就在书桌的右下角用小刀刻了个“早”字，用以鞭策自己。此后，他再没有迟到过一次。

鲁迅先生非常讲究读书方法。他提倡博采众家，说：“书在手头，不管它是什么，总要拿来翻一下，或者看一遍序目，或者读几页内容。”

有些书比较难懂，鲁迅的方法是硬着头皮读下去，一天读一章，直到读懂钻透为止。他提倡在“泛览”的基础上，选择自己喜爱的书深入研究。在研究中，他主张要独立思考，注意观察与实践相结合，用“自己的眼睛去读世间这一部活书”，“使所读的书活起来”。

对看不懂的地方，他认为“若是碰到疑问而只看到那个地方，那无论看到多久都不会懂。所以跳过去，再向前进，于是连以前的地方也明白了”。他还十分重视运用“剪报”积累材料。曾经说过：“无论什么事，如果陆续收集资料，积之十年，总可成一学者。”

故事微语

拥有了书，实际上就拥有了一笔取之不尽的财富。犹太谚语曾说：“书不是蜜，但可以粘住一切。”苏联文豪也说过：“要热爱书，它会使你的生活轻松；它会友爱地帮助你了解纷繁复杂的思想、情感和事件；它会教你尊重别人和自己；它以热爱世界，热爱和平的情感来鼓舞智慧和心灵。”让读书成为学习生活方式的一部分吧，更要让它成为我们生命的一部分吧，书是历史上最伟大的天才们留下的遗产，俗话说：“书中自有黄金屋，书中自有颜如玉。”这还不够吸引人的么？就算不为了黄金屋和颜如玉，哪怕是为了中国人哲学思想的最终境界——天人合一，我们也应该重视读书，而这个最高境界，其实也是我们每一个读书人应该重视和追求的终极目标。

心灵箴言

书籍是造就灵魂的工具。

——[法] 雨果

万般皆下品，唯有读书高。

——汪洙

书籍是在时代的波涛中航行的思想之船，它小心翼翼地把珍贵的货物运送给一代又一代。

——[英] 培根

第三篇

科学用脑：为“越来越聪明”提供条件

“工欲善其事，必先利其器”，大脑是一个精密的结构，千百年来有不少人研究它，对于如何使用大脑，人们提出了很多种不同的方法，我们应该掌握一些科学用脑的基本常识，学会合理用脑，提高用脑效率，进而提高学习效率。

多做运动有利于大脑的灵活

故事话题

对于美国人来说，前总统小布什堪称他们运动及锻炼身体的楷模。小布什平时运动的习惯是在健身房利用健身器材及跑步机强身，他的重量训练还包括坐姿推举、扩胸与扩背运动。

因为工作繁忙，小布什经常利用一切可以利用的空隙跑步。曾经在一次访问墨西哥的途中，他便在空军 1 号会议室里的一台跑步机上跑了起来。可以说，小布什是走到哪里就跑到哪里，跑步的身影在美国许多地方出现过。在总统套房里，在戴维营的林间小道上，当然，还有位于白宫顶楼的健身房内。

迄今为止，小布什个人跑步的最好成绩是 6 分钟 45 秒跑完 1 英里。他每周跑步 4 次至 5 次，举重至少 2 次。其中周四进行长跑，周日一般进行快跑训练，其他时间则进行慢跑和器械练习。

故事解析

美国总统大概是这个世界上政务最繁忙的职业之一了，他们经常要做各种各样的决定，有的决定影响了美国，甚至还影响了世界，但从华盛顿开始，每个总统都非常重视体育锻炼，因为他们知道，运动能够让大脑更好地运行。

我们每个人从小学开始，或多或少都经历各种形式运动，有时候哪怕我们平时不去锻炼，但总参加过运动会吧？在每次运动会上，我们为胜利者欢呼，为失败者惋惜，我们感谢所有运动会的参与者让我们更清楚地明白生活的意义。

运动是身体的语言，是生命的呐喊！运动是人与生俱来的本能，是超越国界，不需任何言语便能传递的信号，我们在运动中收获成功，也在运动中汲取经验。每一颗汗水的滴落都没有白流，它换来的是更加坚强的自我。

故事穿越

新加坡前总理、现内阁资政李光耀已年过古稀，但仍然头脑清楚、精神饱满、腿脚利落。不论在家还是出国，他每天都会雷打不动坚持长跑20分钟。

李光耀说："我每天都做运动，如果不做，便感到懒散，我发现健身操使我感觉更好，能开胃，也睡得更好。"李光耀经常从事的运动项目除了跑步外，还有游泳和骑自行车。如果是应邀去没有运动设施的国家开会，他的随身行李中一定要带着可折叠的健身脚踏车，清晨或晚饭前进行运动。

李光耀认为，有了运动，还要有足够的休息才能健康，每天睡眠8个小时最理想，但通常他只睡六七个小时，因为睡眠质量好，从不失眠。

别看李光耀现在很健硕，但他曾是个胖子，喜欢吃炸鸡翅，喝啤酒和葡萄酒。他能有现在的这副身板，都是努力进行体育锻炼的结果。他特别倡导体育运动，认为居住在城市里的人，必须注意锻炼身体，他是这么说的，他也的确这么做了。

故事微语

法国哲人雅姆·蒂索曾说：“运动就其作用来说，几乎可以代替任何药物，但在世界上一切药物并不能代替运动的作用。”

在我们所身处的这个世界里，我们每个人都生活在自我之中，世界是我们自己所选择的世界，它随着我们的运动而运动，运动是生命的一部分，它并不仅仅局限于激烈的赛场，它甚至存在于美妙的音乐世界、雄观的舞台和生活的繁华。运动的活力使大脑时刻保持清醒，运动让这个悲观的世界绽放出炫丽夺目的光芒，人们需要运动，因为生命在于运动。人们需要运动，因为运动，才能奏起生命的凯歌。

心灵箴言

运动是一切生命的源泉。

——[意大利] 达·芬奇

静止便是死亡，只有运动才能敲开永生的大门。

——[印度] 泰戈尔

运动的作用可以代替药物，但所有的药物都不能替代运动。

——[法] 蒂索

阅读给大脑提供必要的营养

故事话题

我国著名的马克思主义经济学家、《资本论》最早的中文翻译者王亚南，是一个书痴，他爱看书到无以伦比的地步，不管走到哪儿，手里都要捧着一本书看。

在1933年，王亚南乘船去欧洲。客轮行驶到红海的时候，突然巨浪滔天，船摇晃得让人无法站稳。这时，戴着眼镜的王亚南，手上拿着一本书，走进餐厅，恳求服务员说："请你把我绑在这根柱子上吧。"

服务员以为他是怕自己被浪头甩到海里去，就照他的话，将王亚南牢牢地绑在柱子上。绑好后，王亚南翻开书，聚精会神地读起来。船上的外国人看见了，无不向他投来惊异的目光，连声赞叹说："中国人，真了不起！"

故事解析

人最要不得的是灵魂的空虚和精神的萎缩，沦落为庸俗无趣的行尸走肉。只有阅读才能充实灵魂和锻炼精神。人的大脑是一个火车站，每时每刻都不会停止，无数的思想在脑海中停留，而这些思想有很多是没有意思甚至是有害的，我们只有通过阅读来给大脑提供必要的养分，它才不会因为缺氧而干涸。

高尔基曾说过：“书籍是人类进步的阶梯。”笛卡儿也说过：“读一本好书，就是和许多高尚的人谈话。”莎士比亚则说过：“生活里没有书籍，就好像没有阳光；智慧里没有书籍，就好像鸟儿没有翅膀。”伟大的人们充分认识到读书的必要性，他们以实际行动教会我们，人之所以伟大，是因为人会通过阅读前人的文章来避免错误，不断成长。

故事穿越

匡衡，字稚圭，西汉东海人。他小时候勤奋好学，因为家里很贫穷，穷得连蜡烛都点不起，他便凿穿墙壁，借着邻居家传来的微弱烛光埋头苦读。

匡衡买不起书。同乡有个富翁家中藏书很丰富。匡衡就去他家做工，而且不要分文。富翁感到很奇怪，问匡衡你为什么白干活。

匡衡说："我不想要工钱，只希望您能把家中的书都借给我读，我就心满意足了。"富翁听了很感动，就答应了他的请求。从此，匡衡如同获得了巨大的宝藏一样埋身于书海。有了这么好的读书机会，加上自己的苦读，最终成为一位知识学问渊博的学者。

故事微语

匡衡小时候是那样的贫困，是书拯救了他的命运，事实上，当你需要帮助时，书会伸出援助之手；当你感到痛苦时，书会为你抚平伤口；当你迷失方向时，书会为你指明航向。

学习是没有止境的，我们的大脑是如此饥渴，勤奋学习，多看好书，不但能开阔我们的眼界，培养我们的情操，还能让我们的思想变得深邃。

书是智慧的结晶，是人类进步的阶梯，更是人们的精神食粮。读书，就是一次与大师的对话，与智者的交流，是一次难得的精神之旅，无论如何，只要你打开一本书，你总是不会空手而回。

心灵箴言

书犹药也，善读之可以医愚。

——刘向

发奋识遍天下字，立志读尽人间书。

——苏轼

鸟欲高飞先振翅，人求上进先读书。

——李苦禅

睡眠情况对记忆力起很大作用

故事话题

一直以来人们都认为，高质量的睡眠会增强记忆力。最近，德国研究人员用实验证实了这一看法：当处于睡眠状态时，与特殊记忆有关的大脑神经元会活跃起来，这种脑神经反复循环的活动会增强记忆力。

记忆力的形成是一个渐进的过程，最初大脑仅是暂时存储新信息，将记忆长期化需要主动巩固和加深（如背诵等）。德国神经退行性疾病研究中心和波恩大学的研究人员却发现，在休息状态时，大脑不需要外界干预也能激活记忆内容。

研究人员向 10 名平均年龄为 24 岁、身体健康的实验对象展示了一系列图片，包括青蛙、树木、飞机和人像。每张图片上都有一个白色的方块，位置各不相同。每名实验对象需要记住这些方块的位置。实验结束时再次出示这些图片，但图片上没有方块，研究人员要求实验对象指出这些方块原先所在的位置。

整个实验过程持续了几个小时，其中包括让实验对象打盹的时间。随后，研究人员使用功能性磁共振成像系统扫描实验对象的大脑活动，主要观测视觉皮层和海马体。

研究人员采用一套模式识别算法，来寻找最初大脑编码的神经元活动模式与打盹时的神经元活动模式之间是否相似。负责此项研究的尼古拉•阿克斯马赫博士说：“分析结果显示，最初的、与成像有关的神经元活动模式在大脑的睡眠阶段再次出现。”

研究人员在《神经科学学报》上发表论文说，这些神经元活动模式重复出现的频率越高，实验对象对图片的记忆越准确，这证实睡眠有助于增强记忆。

故事解析

从上面的研究可以发现，大脑有着自身的生物钟，如果为了工作和学业不眠不休，人为地打破用脑规律，必然难以达到理想的效果。

还有一项心理实验证实，记忆事物后立即睡觉的两个小时内，被记忆的事物会逐渐被遗忘，记得的部分的程度开始减少，但两小时后不会再减少；如果记忆事物后一直不睡，则所记的事物将会不断遗忘，即使过了8个小时，遗忘仍会继续。因此，读完书后立刻上床睡觉，所思考和记忆的内容反而会由于睡眠的保护作用，不易被遗忘。

很多经常失眠的人通过药物来促进睡眠，但值得注意的是，这些药物通常都不是增加慢波睡眠，不能真正代替深度睡眠，因而不能获得深度睡眠所带来的巩固记忆效果。

睡眠不仅可使人的身体恢复活力，而且还能触发大脑中的“复原按钮”，帮助大脑保持灵活，为学习做好准备。除此之外，睡眠还可以减少由于大脑中突触[连接点]过多所造成的有害积累。

故事穿越

美国曾经做过一个实验：对一位17岁的高中生进行睡眠剥夺(就是利用各种刺激方法阻止人睡眠)，持续第四天时他情绪低落、烦躁不安、幻想、妄想。第7-8天出现言语不清，明显的记忆力、注意力下降。第11天思维能力明显下降。在睡眠剥夺11天12分钟后，无论用什么方法都不能将其唤醒，他不可抗拒地睡着了，连续睡了14小时45分钟后醒来并且恢复正常，试验中出现的各种症状消失。德国也曾做过一个类似的实验：结果在第4天，受试者站着就睡着了，即使采取措施让他睁眼，可脑电图上却显示反复的睡眠脑电波形，怎么也唤不醒了，而等他一连睡了6天醒来之后，他出现了明显的失忆情况，记不清自己究竟是什么时候来到实验室里。

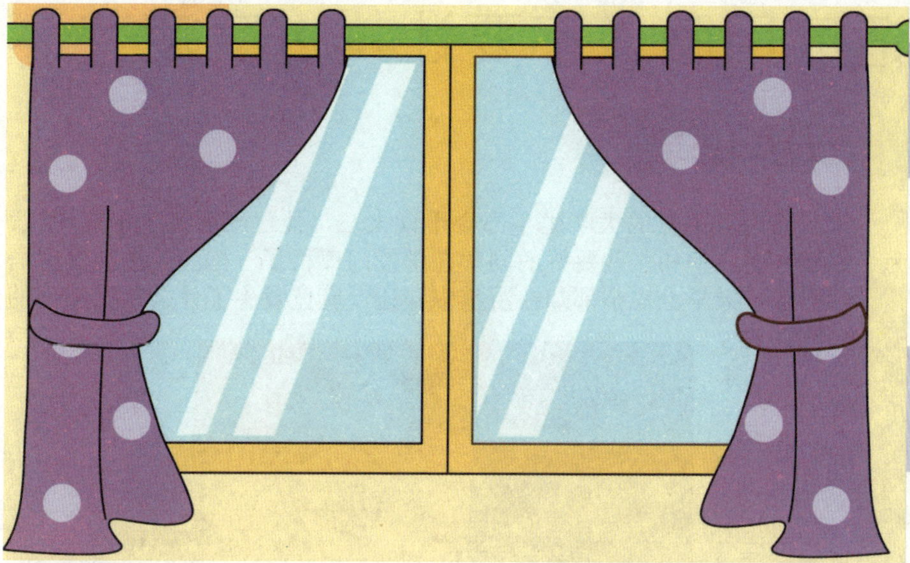

故事微语

白天在社会和活动中，我们的大脑会收集大量的信息，这些信息需要被整理和进行分类，而且其中有些信息我们需要牢牢地记住，并将其作为长期记忆进行保存。以上所有的工作都是在夜晚睡眠时进行的，所以中止深度睡眠会或多或少地影响我们的记忆力。实验发现，有睡眠室息症的患者通常长期记忆会出现问题，患有老年痴呆症的病人常常会出现睡眠困难。科学家们已经掌握了大量的证据证明以上研究的准确性，保持良好的睡眠习惯，对你的记忆力大有好处。

心灵箴言

谁不会休息，谁就不会工作。

——[法] 笛卡儿

睡眠啊！多么优雅，全世界都钟爱它。

——[英] 塞缪尔·泰勒·柯尔律治

正如很好地度过一天带来甜美的睡眠，充实的生命带来幸福的死亡。

——[意大利] 莱奥那多·达·芬奇

适度用脑，不要让其过度疲劳

故事话题

来自河南颍上县的大学生小邵今年读大三，他已经通过了毕业考试，为了生活方便，他和一些要好的同学在学校门口租了一栋两层楼的民房居住。然而在一天早上，小邵却在浴室中猝死，究竟发生了什么？据小邵的室友小刘说，他已经在一家单位找到了一份实习工作，经常要值夜班，每天凌晨才下班。昨天凌晨3时许，小刘从实习单位下班回租房处的路上，看到小邵在学校附近一家网吧上网。小刘上去跟小邵打了声招呼，没想到这竟然是他和小邵的诀别。

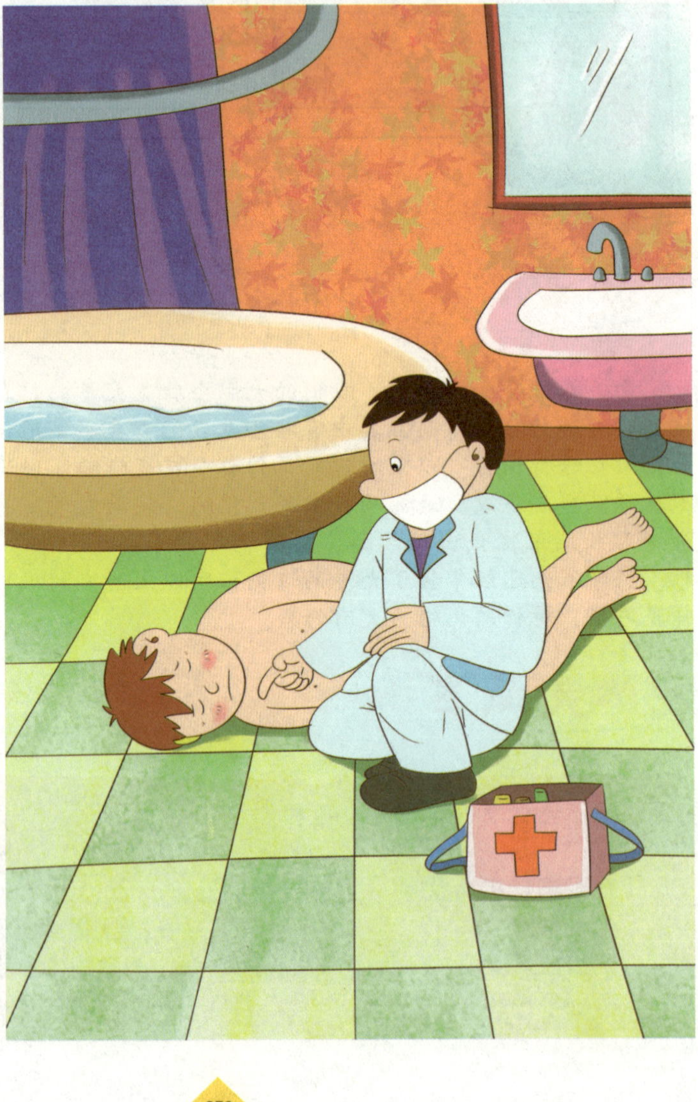

小刘认为，小邵在晚上8点一直通宵上网到早上7点，他的精神和大脑已经达到了极限，尤其是大脑，回到住处没多久就猝死在浴室里。

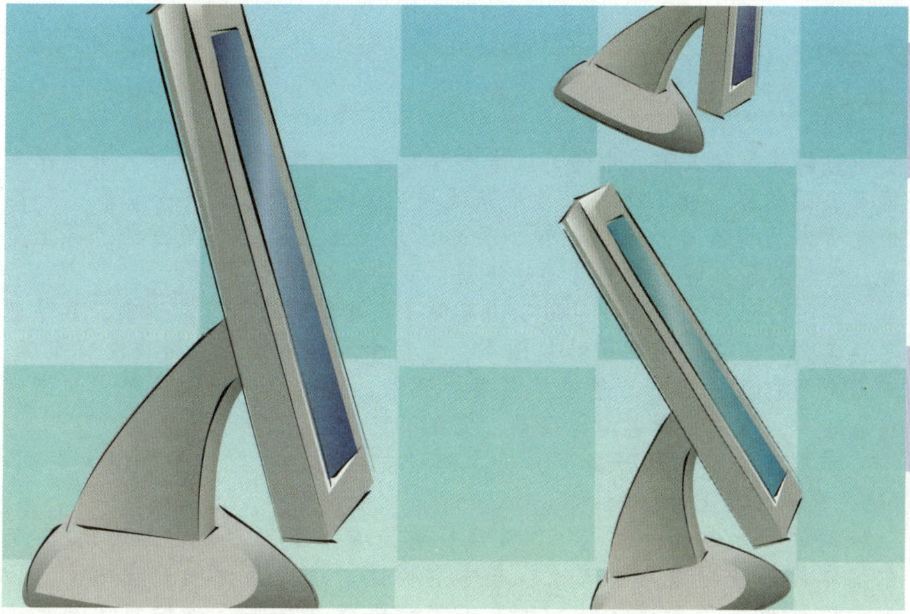

故事解析

近来，很多年轻人频繁猝死在网吧，过度用脑和过度兴奋与身体上的疲倦是他们的死因，英国科学家贝佛里奇指出：“疲劳过度的人是在追逐死亡。”我国唐代著名的医药学家、养生学家孙思邈，总共活了102岁。他在论述养生良方时说：“养生之道，常欲小劳，但莫大疲……莫忧思，莫大怒，莫悲愁，莫大惧……勿把忿恨耿耿于怀。”孙思邈指出，这些心理负担都有损于健康和寿命。事实也是如此，有的人之所以感到生活得很累，做起事来无精打采，未老先衰，就是因为他们习惯于将一些事情存在心里放不下来，结果在心里刻上一条又一条“皱纹”，把身心折腾得疲劳不堪。我们应该尽量防止疲劳和忧虑，一种行之有效的方法便是，在你感到疲倦以前就休息，这样，你每天清醒的时间就可以多增加一个小时。

一般来说，保持健康最重要的方法就是充满活力，而保持充沛的活力的方法则在于防止疲劳，防止疲劳最重要的方法则是休息，休息能够让你在清醒的时候做更多有效率的事。

疲劳是人类健康的大敌，它容易使人心生忧虑；疲劳还会降低身体对一般感冒和疾病的抵抗力；更会使大脑的记忆力受损。适度用脑而不要过分挥霍你的精力。

故事穿越

美国基督徒贝尔、中国诗人李志和非洲大汉斯塔姆，三个人开着车去黄石公园拍摄一组纪录片，他们从边境出发不停歇，李志先掌舵，一路景色逐渐呈现石砾沙漠的景观，贝尔沿路灵感泉涌，东拍西拍，再上车时，已经到了夜晚，李志有些吃不消，便让贝尔开车。

美国的州际公路，一旦进了山里便不设路灯，晚上开起车来，只仗着两盏车头灯，在漆黑的山林包围下，九拐十八弯地开着。路边没有旅店，三人也不打算住店，只想着早完事早回家，这时候开车的贝尔，渐渐有点瞌睡了，李志和斯塔姆也很累，实在不想去替贝尔开车。

李志眼见这车越开越歪，贝尔的眼皮一直在打架，于是便大声说："这个世界没有上帝！"

贝尔一听大怒，说："你放屁！有没有上帝，不是由你决定！"贝尔把车停下就要跟李志理论，李志急忙说："我跟你闹着玩的，是因为看你快睡着了才这么说，我要不提醒提醒你，等下恐怕我们都要去见上帝了。"

贝尔这才不说话，但他也知道自己开不了车，便让斯塔姆开，斯塔姆勉为其难接了班，开了只不到5分钟，眼睛也睁不开了，这时候贝尔突然说："黑人真丑。"

斯塔姆一听勃然大怒，要揍贝尔，贝尔忙说："我跟你开玩笑的，你都快睡着了，我是为了让你打起精神。"

斯塔姆听了二话不说，趴在方向盘上呼呼大睡，贝尔和李志对视一眼，他们都从对方眼中看到了睡意，于是两人也在后座上睡下了。

故事微语

丹尼尔·何西林曾经说：“休息并不是绝对什么事情都不做；休息就是修补。”如果你觉得很疲惫了，那么你就应该马上停下手头的事情来修补你的大脑，有时候只需要短短一点的休息时间，就能修补好你的大脑能力，哪怕只是5分钟的瞌睡。

棒球名将康黎·马克说，他每次出赛之前如果不睡一个午觉，到第5局就会觉得筋疲力尽了。如果他睡午觉，哪怕只睡5分钟，也能够赛完全场，一点也不感到疲劳。

发明大王爱迪生也认为，他无穷的精力和耐力，都来自他能随时想睡就睡的习惯。而亨利·福特过八十大寿时说：“我能坐下的时候绝不站着，能躺下的时候绝不坐着。”

心灵箴言

不会休息的人，就不会工作。身体是革命的本钱。

——毛泽东

休息并不是绝对什么事情都不做，休息就是修补。

——[美] 丹尼尔·何西林

我能坐下的时候绝不站着，能躺下的时候绝不坐着。

——[美] 亨利·福特

别以为神经衰弱离你很遥远

故事话题

19世纪德国的弗里德里希·威廉·尼采，是一位兼有哲学家的深刻思想和诗人、艺术家的浪漫气质的现代最伟大的思想家和哲学家之一。他自认为是叔本华的后继者，这没有什么不对，他在许多地方甚至都胜过了叔本华，特别在他的学说的前后一致、条理分明上。但尼采有他的不幸，他很早就得了神经衰弱，而且没有得到较好的治疗。

1844年10月15日，尼采出生于一个宗教气氛浓烈的家庭。1849年，5岁的尼采经历了巨大的不幸，这一年他的父亲和2岁的弟弟接连去世，一连串的打击使天性敏感的尼采过早地领略了人生的阴暗面，铸成了他的忧郁内向的性格，给他之后的神经衰弱症埋下了伏笔。

20岁时，尼采进入波恩大学选修神学和古典语言学，在那里结识了他非常敬重的老师李奇耳，后来二人共同转到莱比锡大学，并在李奇耳的建议下，尼采在莱比锡创建了一个语言协会，在此期间，他迷上了叔本华，他在1867年服兵役期间，竟在炮火轰鸣中常常低呼“叔本华保佑”，叔本华已经取代了上帝在他心中的形象。

1869年2月，年仅25岁的尼采，在李奇耳的热情推荐下，在毕业前夕就担任瑞士巴塞尔大学古典语言学代理教授，次年成为正式教授。1872年，这位被视为古典语言学奇才的青年因普法战争的爆发，写下了他的第一部哲学著作《悲剧的诞生》，但这部他称之为“艺术是生命最高使命和生命本来的形而上的活动”的著作，却没能给他带来声望，学术界对他并不感冒，只有少数人支持他，瓦格纳就是其中之一。两人因此成为了忘年之交，但二人的友谊终因思想的价值取向不同，于1878年以《人性，太人性了》这本绝交书似的著作而结束。

自 1873 年起，尼采的健康情况开始恶化，患有严重的神经衰弱、胃病和眼病，1879 年因身体状况，在休过若干时期的病假之后，不得不辞职，1879 年到 1889 年期间，他辗转在意大利、法国、瑞士、德国的一些城镇。他的大部分著作都是在这 10 年漂泊中写的，在此期间形成了强力意志、永恒轮回、超人、一切价值的重估等重要思想。1888 年他精神失常，这个病人喜欢拥抱和亲吻街上的任何一个行人，孤独使他疯狂，他终于在疯狂中摆脱了孤独，1900 年 8 月 25 日在魏玛与世长辞。

故事解析

生活的压力加大使越来越多的人患上了神经衰弱，很多人在初次患病的时候都不大在意，以为只是精神疲倦，其实神经衰弱是一种轻度的精神疾病，一但出现神经衰弱的症状需要尽快就医。

很多名人都患过神经衰弱症，除了上文说到的尼采，还有《追忆似水年华》的作者、19 世纪最伟大的法国作家普鲁斯特，音乐天才肖邦等人，引起神经衰弱的原因主要分为两大方面，分别是内在因素和环境因素，因此，要预防神经衰弱也要从这两方面入手。

首先我们应该正确地认识自己。对自己的身体素质、知识才能、社会适应力等要有自知之明，尽量避免做一些力所不及的事情，或避免从事不适合自己的体力和精神的活动。好高骛远，想入非非，杞人忧天，为了名利和地位而费尽心机都是不对的。

其次，我们应该培养豁达开朗的性格。因为脾气、性格一旦形成，一朝一夕之间是很难改变的。所以从一开始就必须走上正轨。只要你对培养良好的性格有心有意，良好的性格自然会对你有情有义。

遇到事情不要纠结，要顾全大局，凡事从大处着想，对于是非观念要有个明确的认识，除此一切都可以忍让。尤其是在处理人际关系时，要严于律己，宽以待人，互相理解和体谅。而在处理家庭关系、同事关系、邻里关系或上下级关系时，更应该这样。

故事穿越

王茜自考入区重点初中以后，感觉到做什么事都心有余而力不足。刚开始的时候表现得还不明显，只是在考试的时候出现，可后来慢慢变得学习困难，时间一长就哈欠连天，头昏脑涨，分心、眼花、嗜睡，有时睡上一整天，也觉得浑身酸懒无力，昏昏沉沉。

王茜平时经常失眠。已经进入到中考总复习阶段，学习任务越来越重，特别是各种考试不断，她神经痛都已经好几天了，焦虑不已，也知道保持足够的睡眠很重要，但她偏偏难以顺利入睡。室内钟表的滴答声，电冰箱的制冷声，窗外风吹落叶声乃至远方汽车驶过的轰鸣声等都格外清晰、刺耳。

后来她父亲撤下了钟表，把电冰箱搬到离卧室最远的地方，晚上尽量关紧窗子，但仍然不能解决问题。有时，好不容易睡着了，却又因一点声音而惊醒。王茜母亲说，孩子即将面临中考，却得了这个病，时刻都被惊扰，每个礼拜都要喝好几盒营养液，但是没什么大的用处。

王茜每晚都需靠安眠药帮助才能入睡。由于对安眠药的依赖性过大，她感觉脑子反应能力越来越差，记忆力下降，考试前表现得更为明显。在家里，感觉做什么都提不起精神，吃饭也变成了一件很痛苦的事情。

故事微语

像王茜这样因为学习压力患上神经衰弱症的青少年不在少数，面对升学的压力，我们应该善于调节自我，在学习和工作上做到有张有弛，不要过于紧张和繁忙。合理安排好工作、学习和生活的关系，最好是劳逸结合，这样做还能提高工作学习效率。

精神类疾病和其他疾病一样，都是可以预防和救助的，我们应该靠完善自己的性格来预防，另外如果患上了这类病，应该立即求助于医务人员，因为如果自我调节不好，出现一些不能解决的心理问题或疾病先兆时，如果不去求医的话，病情可能会恶化，切莫讳疾忌医，但也不能有病乱投医。

心灵箴言

健康不是身体状况的问题，而是精神状况的问题。

——[美] 艾迪夫人

健康的身体乃是灵魂的客厅，有病的身体则是灵魂的禁闭室。

——[英] 培根

健康是最好的天赋，知足为最大的财富，信任为最佳的品德。

——[印度] 释迦牟尼

第四篇

端正心态：好心情可以激发最佳脑力

美国潜能成功学家罗宾曾经说过：“面对人生逆境或困境时所持的信念，远比任何事都来得重要。”积极的心态和消极的心态直接影响人们全方位能力的发挥。

拿破仑·希尔关于心态的意义说过这样一段话：“人与人之间只有很小的差异，但是这种很小的差异却造成了巨大的差异！很小的差异就是所具备的心态是积极的还是消极的，巨大的差异就是成功和失败。”一个人所持的心态决定着他的作为，从而决定他一生的命运。

心情愉悦，更能激发记忆潜能

故事话题

美国一个专家小组研究发现，心情对人类的记忆力有明显影响，从而否定了片面把记忆力的好坏笼统地归咎于年龄的说法。美国北卡罗来纳州大学的一项最新研究显示，人类的记忆力很容易受到心理状况的影响。研究人员要求 153 名不同年龄的人士，接触描述正面及负面的字眼，然后接受记忆测试。结果显示，当被测试者脑海中充满负面字眼时，他们的记忆力就差，而跟年龄并没有太大关系。

故事解析

美国当代的生物学家哈特·莱茵曾说：“良好的情绪可以激发脑肽的释放，是增强记忆学习的关键动力。”这就是说，一个人在保证营养、充分休息、进行体育锻炼等保养大脑的基础上，科学用脑，防止过度疲劳，保持积极乐观的情绪，能大大提高大脑的工作效率。这是提高记忆力的关键。

跟已经习惯了庸常的生活的成年人相比，少年们的心情总是变幻不定的。生活中的很多因素，娱乐、打击、朦胧的爱情等等，都会对孩子的学习和记忆起消极的作用，让他们对学习和记忆感到枯燥乏味，厌烦至极。这是他们的天性使然，易于幻想让他们经常不切实际地估计自己的能力，并且难以正确地进行自我评价，这些方面的因素会对孩子们的学习和记忆产生不利的影响。

电子游戏和电视对于孩子的干扰是一个非常令人头痛的问题。家长们总是看到孩子们在被动地学习，与玩游戏和看电视比起来，学习在他们心中的位置并不高，而且孩子们却错误地认为这样做没任何害处，他们有时候会一边看电视一边写作业。

实际上，在学习过程中因为注意力不集中而造成的心神不安是相当消耗精力的。因为人们的记忆是受情绪影响的，当你心情愉悦的时候，你能够集中你的注意力去干好一件事情，而当你同时做两件事情，那么在完成必要的记忆过程时，也需要多付出一部分能量用以克服干扰，从而增加了身体能量的消耗，也会让人很容易感到疲劳。因此家长必须告诫自己的孩子，应把全部精力倾注于眼前的学习之中，保持良好的学习态度和学习情绪，学习才能事半功倍。

故事穿越

一项研究发现，好心情不但能让我们快乐，而且还能让我们记忆力增强。拥有好心情的同时，人不容易健忘，因为良性情绪会提高我们的工作记忆容量。

研究人员把志愿者分成两组，一组观看的是喜剧片，另一组观看的是苦情片。录像放完之后，观看喜剧片的志愿者情绪乐观，而观看苦情片的情绪则十分低落。看完录像后，两组人接受了记忆测试。测试结果显示，观看喜剧片的参与者得分明显高于另一组参与者。

负责这项研究的美国密苏里州大学艺术科学学院心理学博士伊丽莎白·马丁说："这项研究第一次证明了，积极情绪能够对工作记忆的存储容量产生良好的影响。"

故事微语

心理学家把这种情形概括为“紧张状态”理论。该理论认为，一个人在“紧张状态”下的行为能力和大脑运行能力要强于低落情绪时的自己，这里的“紧张状态”，是指某种行为向完成状态过渡的趋势。当人们的兴致很高的时候，人们的记忆功能也很有效。

心灵箴言

乐观主义者总是想象自己实现了目标的情景。

——[古罗马] 西尼加

能控制好自己情绪的人，比能拿下一座城池的将军更伟大。

——[法] 拿破仑

世界如一面镜子：皱眉视之，它也皱眉看你；笑着对它，它也笑着看你。

——[英] 塞缪尔

相信自己，自信能够增强记忆

故事话题

小泽征尔是世界著名的交响乐指挥家。在一次世界优秀指挥家大赛的决赛中，他按照评委会给的乐谱指挥演奏，敏锐地发现了一个不和谐的声音。起初，他以为是乐队演奏出了错误，就停下来重新演奏，但还是不对。他觉得是乐谱有问题。这时，在场的作曲家和评委会的权威人士坚持说乐谱绝对没有问题，是他错了。面对一大批音乐大师和权威人士，他思考再三，最后斩钉截铁地大声说：“不！一定是乐谱错了！”话音刚落，评委席上的评委们立即站起来，报以热烈的掌声，祝贺他大赛夺魁。

原来，这是评委们精心设计的“圈套”，以此来检验指挥家在发现乐谱错误并遭到权威人士“否定”的情况下，能否坚持自己的正确主张。前两位参加决赛的指挥家虽然也发现了错误，但终因随声附和权威们的意见而被淘汰。小泽征尔却因充满自信而摘取了世界指挥家大赛的桂冠。

评 选

故事解析

一个人能有多大的成就，并非由其他因素决定，而是受他自己的信念所制约。所谓信念也就是自信。小泽征尔之所以能成为伟大的指挥家绝非浪得虚名，他对自己的指挥才能和记忆力非常自信，而反过来，他的自信也帮助他加强了记忆，当你想做任何事的时候，一定不要抛弃自信，因为自信就等于成功了一半。

自信是一种思想，一种内在潜意识，是对自己的肯定。有些人因为境遇不好而缺乏自信，难道这些人真的能力差吗？不对！他们的智力并不低，爱迪生上小学的时候也被认为智商有问题，可他的妈妈教会了他一个最重要的才能，那就是自信。

有些人的能力其实很卓越。但就是因为自卑，缺乏自信，使他们的聪明才智得不到正常的发挥，以至影响了自己的前程。

俗话说：“金无赤金，人无完人。”世界上没有完美的事，也没有完美的人，人人都有缺陷、都有不足，但反过来，人人都有自己的优点，世界上不存在完美的人，也不存在一无是处的人！做人重要的是扬长避短，挣脱“短处”的锁链，摆脱它对心理的控制，让你自信非凡，全身心获得一种自由，走向属于你自己的生活。

故事穿越

有一位女歌手，第一次登台演出，内心十分紧张。想到自己马上就要上场，面对上千名观众，她的手心都在冒汗：“要是在舞台上一紧张，忘了歌词怎么办？”越想，她心跳得越快，甚至产生了打退堂鼓的念头。

就在这时，一位前辈笑着走过来，随手将一个纸卷塞到她的手里，轻声说道：“这里面写着你要唱的歌词，如果你在台上忘了词，就打开来看。”她握着这张纸条，像握着一根救命的稻草，匆匆上了台。也许有那个纸卷握在手心，她的心里踏实了许多。她在台上发挥得相当好，完全没有失常。

她高兴地走下舞台，向那位前辈致谢。前辈却笑着说：“是你自己战胜了自己，找回了自信。其实，我给你的，是一张白纸，上面根本没有写什么歌词！”她展开手心里的纸卷，果然上面什么也没写。她感到惊讶，自己凭着握住一张白纸，竟顺利地渡过了难关，获得了演出的成功。

“你握住的这张白纸，并不是一张白纸，而是你的自信啊！”前辈说。

故事微语

在你感到自卑、缺乏自信的时候，你应该平静你的心态，学会仔细观察，只要你善于运用自己明亮的眼睛，你不难发现，周围你认为最完美的人其实也有缺点和短处。或许这些缺点和短处正是你的长处。当你认识到这一点以后，请把你的懦弱和犹豫扔掉，捡起你的自信，勇敢地朝着命运的方向奔跑吧。

心灵箴言

有信心的人，可以化渺小为伟大，化平庸为神奇。

——[爱尔兰] 萧伯纳

自信与骄傲有异；自信者常沉着，而骄傲者常浮扬。

——梁启超

能够使我飘浮于人生的泥沼中而不致陷污的，是我的信心。

——[意大利] 但丁

越是感兴趣，越能呈现良好的记忆效果

故事话题

比尔·盖茨的办公室有五个抽屉，每个抽屉都锁着一把锁。比尔·盖茨平时只带一个抽屉的钥匙。而把另外四把钥匙都锁在被带走钥匙的这一个抽屉里。这五个抽屉里分别装的是财富、兴趣、幸福、成功、荣誉。

有个小偷拿到了比尔·盖茨的钥匙，他进了比尔·盖茨的房间，发现了这五个抽屉，但他没有时间一个个去试，因为警报已经拉响了，他只能一举成功，不然就只好跑路了，结果他选择了财富，他认为比尔·盖茨一定把所有的东西都放在财富这个抽屉里，当小偷把钥匙插进财富抽屉的时候，却发现根本打不开，小偷不甘心就这样走掉，于是他又换了成功，还是打不开。在他尝试第三个抽屉的时候，被保安抓起来了，比尔·盖茨回家拿到钥匙后，对小偷说："很遗憾，先生，你应该选兴趣的，要知道，在你感兴趣的事物上，隐藏着巨大的人生秘密。"

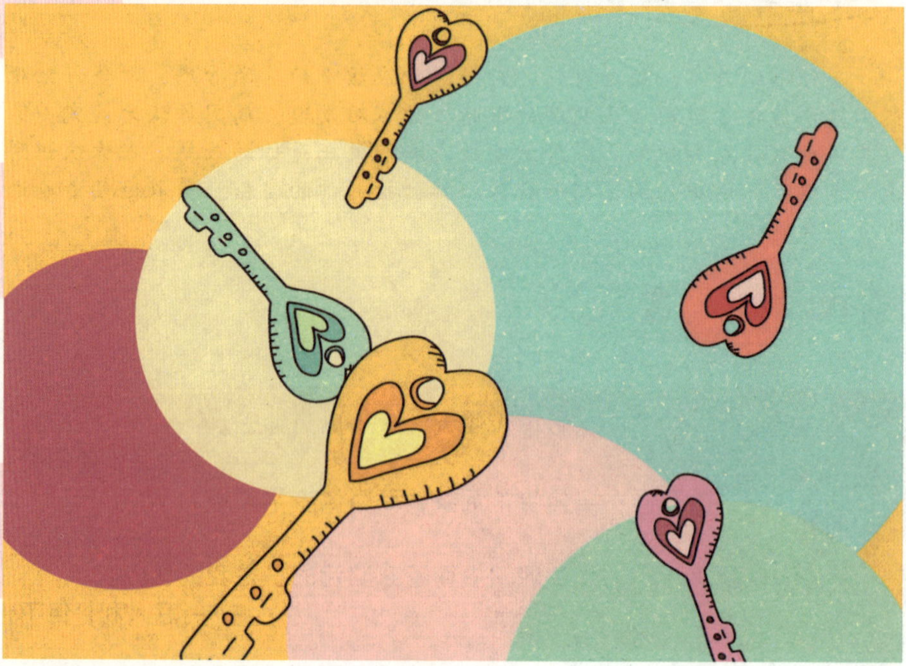

兴趣
财富
成
荣

故事解析

对于爱酒的人来说，兴趣是琼浆玉液；对于爱读书的孩子来说，兴趣就是书；对于善写者来说，兴趣就是能把自己放进自己所营造的意境中自得其乐。兴趣是开启金钱、幸福、成功、荣誉的钥匙，是胜利的法宝，同时也是记忆力的最好助手。

古往今来，一些记忆力超群的人，他们所能够背诵的，无一不是他们感兴趣的东西，他们之所以能够记住那么多的东西，是因为那些都是他们心所向往的。光用责任去解释他们的记忆力是不准确的，记忆诚然跟责任有关，但只有兴趣，才能让你记一辈子；也只有兴趣，才能让你在记忆中得到升华，走向成功。

故事穿越

苏轼和苏辙小时候都很顽皮，他们的老爸苏洵多次对两兄弟进行晓之以理的说服教育，却不见什么成效。之后，他就从孩子强烈的好奇心和求知欲入手积极引导。

当孩子们玩耍时，苏洵就故意躲在角落里读书。苏轼和苏辙看父亲总躲藏在隐蔽的地方，十分好奇父亲在干什么，便跑去查看。他们看到父亲在看书，可是苏洵一看到他们，就连忙将书“藏”了起来。两个孩子以为父亲瞒着他们在看什么好书，便趁父亲不在家时，把书偷出来，细细阅读。通过这种方式，孩子们渐渐对读书着了迷，把看书当成一种乐趣，从而开始了一种全新的学习生活。

故事微语

兴趣是最好的老师。人们对感兴趣的事物总能表现出很强的记忆力。兴趣是记忆的动力和催化剂，它能使脑神经处于积极工作的状态，促进大脑皮层处于兴奋中心。因此，要增强自己的记忆力，需要设法培养自己对所记事物的兴趣才行。

现在不少家长强迫四五岁的孩子背古诗词学国学，而不管孩子是否能真正理解这些古文。其实这种被迫式的记忆根本没有多大意义，在孩子不理解的情况下，这种记忆通常只是短期的，强记的东西很快就会遗忘。对提高孩子记忆能力实际上也没有多大帮助。只有像苏洵那样培养孩子对读书的兴趣，才能从根本上提高孩子的记忆力和记忆效率。

心灵箴言

学问必须合乎自己的兴趣，方可得益。

——[英] 莎士比亚

学习的最大动力，是对学习材料的兴趣。

——[美] 布卢姆

一个深广的心灵总是把兴趣的领域推广到无数事物上去。

——[德] 黑格尔

引导自己有一个松弛的记忆状态

故事话题

以色列研究人员做过一个研究报告显示，睡眠是舒缓压力的好方法。这项研究是以 36 名 22 岁至 36 岁的学生为调查对象，让这些学生在压力高峰期下接受评估，根据他们按对压力的处理法分成两组。研究结果显示，倾向忧虑者会减少睡眠时间，相反，那些懂得疏导情绪者，睡眠不但没有减少，反而增加了。研究人员说，有时睡眠可以帮助舒缓激动紧张的神经，使人暂时远离压力。

哈佛医学院也有报告指出，要加强记忆力，必须要有足够的睡眠。这项研究有 24 人作为被研究对象，研究人员要他们在 1/16 秒内确认电脑上闪动的 3 条斜纹，结果有半数的人当晚呼呼大睡，其余的则保持清醒，直到第二晚或者第三晚才可入睡。4 天后测试这 24 名人士的记忆力，结果发现，第一晚入睡者，辨认图案的正确度比不睡者强。研究结果显示，饱睡一顿、精神放松后记忆力才能充分发挥。

故事解析

俗话说：“越能干的人，脑筋转换得越快。”当人的心境处于宽松、平静状态下，影响工作和学习的负面压力也会随之减少，记忆力也会增强。要让自己处于一个较为松弛的记忆状态，最好的方法就是睡眠，睡眠是达到这一目的的最行之有效的办法。事实上，我们不可能随时随地地睡觉，但是我们可以在紧张用脑后略微松弛一下，我们平时一节课只有 45 分钟，而课间休息时间有 15 分钟，就是这个道理。

当全身的肌肉放松，闭上眼睛，头脑出现空白时，身心就会处于放松状态。在这样的状态下，大脑得到了休息和恢复，重新恢复活力和学习工作的欲望。

放松是为了注意力能够更好地集中，因为只有注意力高度集中时，记忆力才会处于最佳状态，即使不好记的内容也会顺利进到脑子里，再忙的工作，也能高效率地处理好。也就是说，身心处于放松状态，是脑子最大限度地发挥作用的重要条件。

故事穿越

有一个成功的企业家长久以来都过着繁忙紧张的生活，每天忙于生意与交际应酬。

他每天都起得很早，有时甚至连早餐都来不及吃就得赶着上班开会，一整天忙得不可开交，经常到三更半夜才得以休息。然而事情好像总也做不完，时间永远不够用。

因此，他觉得日子过得很累，有一段时间，他甚至想到了以自杀来解脱这种生活，但有一天的遭遇改变了他。

那一晚，心中的压力太大让他无法安睡，于是第二天他比平常起得更早，四周还很安静。他起身来到花园，看见花木的枝条有些杂乱，就拿起剪刀稍稍修整了一下，然后冲了一杯咖啡坐下来，静静地欣赏眼前的一切。这个早晨他过得神清气爽。一整天他都精神饱满，心情十分愉快，他发现这种感觉很好。从此，每天他都抽出一些时间，到花园里放松自己，让自己忙里偷闲，体验那种心情放松的乐趣。

故事微语

生活的压力可能让你过得很累，适当抽一点时间放松心情，选择一种让自己愉快的方法，慰劳自己疲惫的身心。不要小看休息的功效，适当的休息能够让你走得更远，而适度的松弛可以让你变得更强大。

心灵箴言

只有充分放松，才能有力出击。

——陈安之

适度的娱乐能放松人的情绪，陶冶人的情操。

——[古罗马] 塞内加

放松与娱乐，被认为是生活中不可缺少的要素。

——[古希腊] 亚里士多德

利用音乐可以提高大脑的效率

故事话题

孔子很喜欢音乐，他既会唱歌，又会弹琴作曲。他在与人一同唱歌时，如果人家唱得好，他一定请人再唱一遍，自己洗耳恭听，然后再跟着唱一遍。孔子的音乐修养非常高，甚至可以达到听音辨人的地步。

孔子曾跟师襄学琴。有一天师襄交给他一首曲子，让他自己练习，他足足练了十来天，仍然没有停下来的意思，师襄忍不住了，说：“你可以换个曲子练练了。”孔子答道：“我虽然已熟悉它的曲调，但还没有摸到它的规律。”

过了一段时间，师襄又说：“你已摸到它的规律了，可以换个曲子练了。”不料孔子回答：“我还没有领悟到它的音乐形象哩。”

如此又过了一段时间，师襄发现孔子神情庄重，四体通泰，好似变了人样。这次不待师襄发问，孔了就先说道：“我已经体会到音乐形象了，黑黝黝的，个儿高高的，目光深远，似有王者气概，此人非文王莫属也。”

师襄听罢，大吃一惊，因为此曲正好名叫《文王操》，而他事先并未对孔子讲过。

故事解析

他山之石，可以攻玉。孔子很早就懂得用音乐来陶冶情操，用音乐来增强记忆，用音乐来开发大脑。时至今日，在工作、学习场所播放优美、舒缓的“背景音乐”，以有效地提高工作或学习效率，这一点已为世人所公认。因为音乐能够显著地调节人类的情绪，改变人的气质。

保加利亚哲学博士、精神病学专家乔治·罗扎诺夫于 1966 年成立了罗扎诺夫学院，作为研究“暗示学习法”（又称“超级学习法”）的中心。他主张利用节奏舒缓的音乐来刺激大脑，达到消除心理的紧张感，使音乐节奏、生理节奏（如呼吸、心跳等）与信息输入的节奏协调起来，从而在集中注意力、增强大脑活力的状态下学习。这种“超级学习法”在西方各国已得到广泛应用。它既可以帮助学生轻松而有效地学习知识，也可应用于法律、军事、工程、医药等职业练习之中。

实际上，我们并不需要经常用到“超级学习法”，只要在阅读时播放一支轻柔的曲子，然后把注意力集中在书本上，轻柔的乐曲就会不知不觉地刺激右脑，产生情感体验，发展形象思维，促进左脑抽象思维能力，使两半脑得到均衡的活动。因为音乐的强化效果，我们的视觉记忆和听觉记忆都得到锻炼，进而增强记忆的敏捷性、持续性和准确性。

故事穿越

前苏联的科学家们发现音乐是打开无压力快速学习大门的钥匙，是提高大脑工作效率和记忆力的积极有效的方法。

他们发现，17 世纪或 18 世纪的作曲家们创作的某些音乐，对大脑和记忆有很强的影响。这些音乐都是根据古代音乐流传下来的特殊格式来创作的。正是巴洛克协奏曲中每分钟 55~65 拍的行板音乐，使学习效果倍增。巴洛克作曲家通常用弦乐器、小提琴、曼陀林、吉他、拨弦古钢琴来创作这种缓慢、舒适而宁静的音乐，其声音自然、高频、和谐。

当听着宁静而舒缓的音乐时，人的血压会下降，心脏也开始健康有节奏地跳着；血压中的紧张因子没有了，因此免疫系统得到了加强，同时脑电波下降6%，而放松的脑波却上升了6%，左右半脑达到同步效应。大脑和身体随着缓慢的韵律渐渐地进入了和谐状态——身体放松、大脑警觉，这正是取得优异成绩的最佳状态。

故事微语

音乐能够毫不费劲地唤醒语言能力和以前的记忆，让你变得更加聪明，学习更有效率。法国著名听觉专家阿尔弗雷德·托马斯蒂说：“有些声音具有两杯咖啡的兴奋作用。”泰丽·怀勒·韦伯指出：“某些类型的音乐节奏有助于放松身体、安抚呼吸、平静β波振颤，并引发极易于进行新信息学习的、舒缓的‘放松性警觉’状态。”

选一首自己爱听的歌儿吧，找一个舒服的位置躺下，做几个深呼吸，释放所有的紧张。让音乐在你的心中流淌，冲刷依然在你耳边环绕的噪声，冲掉一切污秽的情绪，让自己沉浸在音乐之中，想象体内的不同细胞随着怡人的旋律而舞动。让音乐给你能量，让你放松。当音乐结束时，你会发现，你的压力得到了完美的释放，你的心情变得阳光灿烂。

心灵箴言

音乐是思维着的声音。

——[法] 雨果

音乐是上天给人类最伟大的礼物，只有音乐能够说明安静和静穆。

——[俄] 柴可夫斯基

音乐之目的有二：一是以纯净之和声愉悦人的感官；二是令人感动或激发人的热情。

——[英] 罗杰·诺斯

第五篇

活用技巧：利用巧妙的方法来强化记忆力

无论是学习还是工作，我们在各行各业中,要完成一项任务或是办好一件事,解决每一个问题,总要选择适当的、正确的技巧和方法,才能达到目的。毛泽东曾经说过：“我们不但要提出任务,而且要解决完成任务的方法问题。我们的任务是过河,但是没有桥或没有船就不能过。不解决桥或船的问题,过河就是一句空话。不解决方法问题,任务也只是瞎说一顿。”

记忆的方法不可或缺

故事话题

有位老师曾经用三种方法让三组同学记住十张画的内容：对第一组同学，他只是告诉说画上画了些什么，并不给他们看这些画。也就是说这组同学只是听，没有看。

对第二组同学正好相反。老师给他们看这十张画，可是不再给他讲每张画画了些什么。也就是说这组同学只是看，没有听。

对第三组同学是又让听又让看。老师不但告诉他们画的内容，而且在讲每张画的内容的同时，就给他们看那张画。

过了一段时间，老师分别问这三组同学记住了多少画的内容。结果第一组记住的最少，只有60%；第二组稍多，记住了70%；第三组记住最多，达到86%！

这说明只听不看的同学记得最少，这还仅仅是两种感觉器官并用，记忆效果就比只用其中一种好得多。如果把所有的感觉器官一齐调动起来，记忆效果就更好了。

故事解析

读书背书，一定要注意方法，古书《学记》有云：“学无当于五官，五官不得不治。”这是说学习和记忆如果不能调动五官甚至全身来参与的话，那就学不好，也记不住。古代人已经认识到读书学习要用眼看，用耳听，用口念，用手写，用脑子想，这样才能增强记忆效果。

宋代学者朱熹也说过，读书要三到：“谓心到、眼到、口到。心不在此，则眼不看仔细，心眼既不专一，却只漫浪诵读，决不能记，记亦不能久也。三到之中，心到最急，心既到矣，眼、口岂不到乎？”

现代科学研究表明，人从视觉获得的知识，能够记住 25%，从听觉获得的知识能够记住 15%，若把视觉与听觉结合起来，能够记住 65%。因此，记忆不能光凭脑子，还要动口，动耳，动眼，才能记得牢靠。

故事穿越

利用谐音是用来帮助记忆的一种非常有效的方法。有许多学习材料很难记忆，在它们之间又不易找出有意义的联系，例如，历史年代、统计数字等等。如果对这些学习材料利用谐音加某种外部联系，这样就便于贮存，易于回忆。

有一天，一位老师上山与山顶寺庙里的和尚对饮，临走时，布置学生背圆周率，要求他们背到小数点后22位。大多数同学背不出来，十分苦恼。有一个学生把老师上山喝酒的事结合圆周率数字的谐音编了一句顺口溜：“山巅一寺一壶酒，尔乐苦煞吾，把酒吃，酒杀尔，杀不死，乐而乐。”（3.14159 26535 897 932 384 626）

几个同学就这么念着顺口溜背书，结果待老师喝酒回来，个个都背得滚瓜烂熟。聪明的学生就是利用谐音法来帮助记忆的。

3. 1415926 5358
… …

故事微语

记忆，其实就是过去的经验在人脑中的反映。而大脑在记忆中，只是起到一个贮存的作用，有时候你要在大脑中寻找一个很久以前存下的事情是很困难的，因此我们需要运用方法来标记这些存档。实际上，记忆的大敌不是遗忘，而是找不到，很多时候，这些记忆都保存在大脑中一时无法找到。提高记忆力，实质就是尽量避免和克服找不到。在学习活动中只要进行有意识的锻炼，掌握记忆规律和方法，就能改善和提高记忆力。

心灵箴言

记忆是知识的唯一管库人。

——[英] 锡德尼

记忆力是智力的拐杖，记忆力是智慧之母。

——[古希腊] 亚里士多德

锻炼记忆力的良好方法是锻炼自己的注意力。

——[英] 爱德华兹

抓住细节，改善健忘的毛病

故事话题

老郭和小李一起吃饭。老郭的年龄要大上许多。在饭桌上，老郭讲了他一些经历的事情。多年前，老郭所在的文化馆组织了一次旅游，同行的有一个敏感的诗人。不论走到哪里，诗人都要时不时地伸手探进自己衣内，去摸摸贴胸口袋里的钱包是不是失窃了。每次去摸，还在，他就放心地把手抽回。但失窃的事还是发生了，当他又一次探手入怀的时候，突然惊叫一声，“完了！”老郭说到这里的时候，不停比画着摹拟的手势，这些手势增加了类似于喜剧的效果，小李笑了起来。

小李突然怔住了，他发现这个诗人在他的心中已经构建出了一个完整的形象，实际上，在老郭说着这件事的时候，他眼前就开始不断浮现诗人的一些画面。小李并不认识他，甚至从来就不知道有他这样一个人。但诗人还是浮现在他的脑海中，他甚至虚构出诗人摸钱包那滑稽的动作和哭丧着的脸庞。在老郭的叙述中，诗人在饭桌上成为了一个真实与虚构交叉的人物，这个人物在老郭的记忆中获得展开，在小李的脑海中也变得仿佛可以触摸。

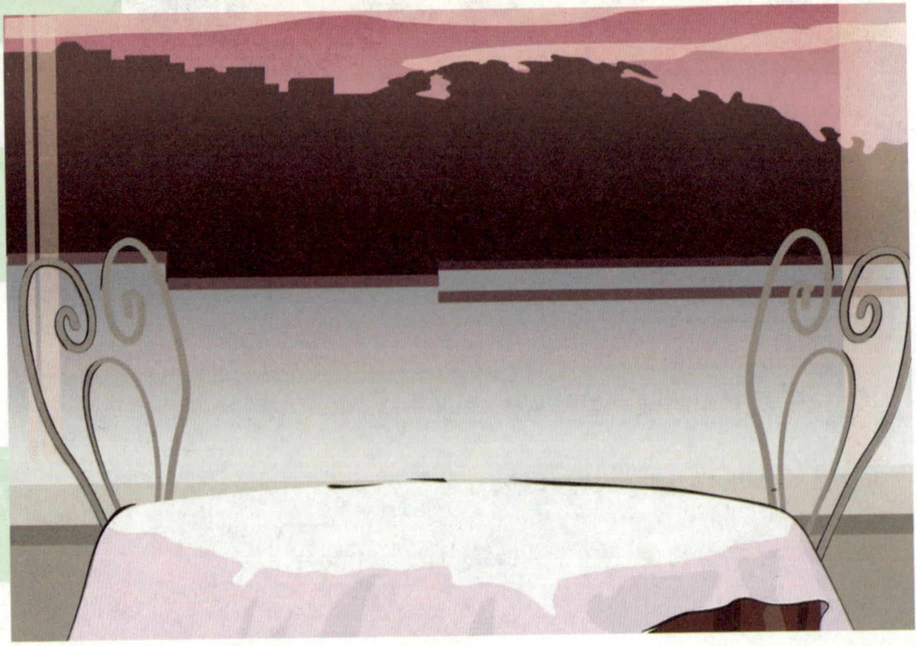

故事解析

小李为什么会展开这种记忆？老郭讲述的不过是一个平凡无奇的故事，在我们的生活中随处可见，并没有什么传奇色彩，其实这就是所谓的脑补现象，其实在很多时候，我们之所以记住一个人，就因为那个人的细节牢牢地在我们内心盘踞。这些盘据的细节往往比一个人的整体更加富有意味，因此也更加丰富。如果你忘记了关于这个人的细节，那么这个人便会在你的脑海里慢慢消失，仿佛从来没有存在过。实际上，我们在任何时候去展开回忆，能够记起的永远只是细节。当一个人的细节被回忆起来，我们也会随即开始回忆起他的相貌和名字。

人都是如此，以自己毫不知情的动作和语言构成一个旁观者的记忆。而这些动作和语言恰恰表现了我们的内在与性格，它依附于我们血肉丰沛的整体。当我们成为旁观者之时，我们能够感到某个人的细节在通过我们的记忆时，他的形象产生了某种增值，而这增值又不断地生出无穷意味。就像故事中的小李一样，尽管他从未见过诗人，但通过一个细节他仿佛看到了诗人时不时伸手去摸他胸口的钱包，也仿佛听到了那声与众不同的惊叫，这两个细节构成了诗人敏感天性的一个部分，诗人被细节的力量神奇地抛了出来，在小李的聆听和注视中形成了记忆。

是的，细节是我们战胜遗忘和找不到的重要因素，我们能够回忆起的故事，大多数都能记得细节，如果记不清细节的话，这个故事就会慢慢被遗忘，故事中的人物也会被遗忘，所以重视细节吧，那是培植和维护你记忆的温床。

故事穿越

现代化学方程式的创始人，钸、钍、硒三种元素的发现者柏济利阿斯，曾经是一位大学化学老师，他上课的时候经常教导学生们要重视细节，课上得趣味无穷。有一次在课堂上，他准备给新生上第一堂化学课，柏济利阿斯拿了三个杯子，告诉同学们今天我将为你们做一个实验，实验的名字叫作细节。

柏济利阿斯说，这三个杯子，分别装着煤油、蓖麻油和醋，是常见的三种化学物质，等会儿我先做一个示范，你们仔细观察，然后跟我一起做一遍。

柏济利阿斯把三种溶液混在一起，然后把手指伸进溶液里蘸了蘸，然后放到嘴里舔了舔，满脸高兴的样子。于是学生们走上台去，学着老师的样子纷纷把手指放到混合溶液里，然后送到嘴里尝，结果发现味道很不好，大家都做了鬼脸。

柏济利阿斯哈哈大笑说：“我很遗憾，你们没有十分仔细地观察我所做的一切。”实际上柏济利阿斯伸进溶液里的是中指，而送到嘴里的却是食指，他的学生们并没有仔细观察他的动作，只用一个指头做实验，结果把令人作呕的混合物送到了嘴里。

故事微语

善于观察、仔细观察是课堂学习的根本要素之一，也是锻炼记忆的最重要因素之一，如果不能抓住细节，你的记忆就会出现偏差，就像在课堂中的学生一样尝到苦果，学习中我们首先应集中精力，聚精会神，心、眼、脑等都要跟着老师走，如何做，做什么，都应与老师的思维产生共振，全神贯注，把握课堂的每一个细节，这样才能保持思维的连续性，学习效果也会事半功倍。

心灵箴言

致广大而尽精微。

——《中庸》

小事成就大事，细节成就完美。

——戴维·帕卡德

天下难事，必做于易；天下大事，必做于细。

——老子

寻找规律，而不是傻傻地记忆

故事话题

一位教授正在大厅里演讲，听众正听得入神，突然闯进一个蒙面人，在大厅内开了三枪，叫嚣了几声，夺门而出。大厅里的听众乱成一片，不知所措。

这时这位教授要求广大听众回答下列问题作为证词，以便向有关方面提出申诉。这几个问题是：

1. 这个蒙面人进来时开了几枪?
2. 这个蒙面人进来后说了几句话?
3. 这个蒙面人的身高、体形、衣着是怎样的?
4. 这个蒙面人在厅内停留了多少时间?

结果，听众对这几个问题的回答是不一样的。有些甚至完全不同，其实，人们对于突发事件的记忆力出现偏差并不偶然，很多记忆力好的人也无法记住突发事件的一些细节，因为此类事件不具备规律，而规律是人类记忆环节中一个非常重要的组成部分。

1. 8m
1. 6m

故事解析

人类的大脑是一个记忆的宝库，也是一个精密的系统，人脑经历过的事物，思考过的问题，体验过的情感和情绪，练习过的动作，都可以成为人们记忆的内容。那么记忆是否存在着一个规律呢？答案是有的，如果我们发现了记忆的因素，掌握了记忆规律，采取科学的记忆方法，我们在记忆时就能取得事半功倍的结果。

很多人都有这样的体会，越是觉得重要的东西越容易记住，越是感兴趣的东西越容易记住。这就是记忆的一种规律，掌握这些规律对记忆有着重要的影响。心理学家告诉我们，有了确定的记忆目标，就能集中注意力，而注意力集中，大脑皮层就形成一个优势的兴奋中心，在那里容易形成暂时的神经联系，并使之持久地巩固下来。而记忆目的不明确，注意力就随时可能被分散和转移，大脑皮层兴奋中心形不成优势，记忆效果自然就降低。

德国心理学家艾宾浩斯研究发现，遗忘在学习之后立即开始，而且遗忘的进程并不是均匀的。最初遗忘速度很快，以后逐渐缓慢。他认为“保持和遗忘是时间的函数”，他用无意义音节作为记忆材料，用节省法计算保持和遗忘的数量。并根据他的实验结果绘成描述遗忘进程的曲线，即著名的艾宾浩斯记忆遗忘曲线。

艾宾浩斯的研究对记忆心理学的影响很大。此后，人们做了类似的实验，也都大体上证实了艾宾浩斯的结果。以后的研究证明，无论是记忆和遗忘，都是受许多因素制约的。只有掌握规律，我们才能记得更牢靠，才不会忘得快。

故事穿越

一个中国留学生驾车行驶在国外的高速公路上，不料却出了车祸，他连人带车翻下悬崖，他摔断了脊椎无法动弹，他的车辆自动开启了报警系统，美国海岸救援队赶到后，面对悬崖他们不敢妄动，便喊话道：“你怎么样了？”

留学生想都没想便脱口而出答：“我没事，谢谢你！”

救援队一听，这位留学生没什么问题，便不再做紧急救援，结果等留学生被拖上来后，大家发现他已经气绝了。

故事微语

人的记忆力要比自己想象中好得多。很多人只是单向发展，并非天生无能，而是没有找到规律。几千年来教育的主流是读、写、算，死记硬背，不太重视记忆的规律，虽然死记硬背有其无法比拟的点，但这对于贮存记忆的大脑锻炼显见不足，无论是过去、现在抑或将来的相当长久的时间里，大脑一生贮存的信息总量远不及大脑容量。大脑就像是一望无垠的照相底片，等待着信息之光的闪现；如同浩瀚的汪洋，接纳川流不息的记忆之“水”，而永无“水”满之患。当我们找到记忆的规律，就能拍出完美的画面，也能装满智慧的源泉。

心灵箴言

不以规矩,无以成方圆。

——孟子

生活的目标是使生活合乎于自然规律。

——[古希腊] 芝诺

人类法律，事物有规律，这是不容忽视的。

——[美] 爱默生

寻找一处适合自己记忆的环境

故事话题

孟子是我国著名的思想家和教育家。他 3 岁丧父，由母亲抚养长大。孟母很有教养，非常重视对孟子的教育。

孟家附近有一块墓地，送葬的队伍经常从他家门前走过。孟子经常模仿队伍中吹鼓手和妇女哭啼的样子，还不时到墓地上玩死人下葬的把戏，在地上挖一个坑，把朽木或腐草当作死人埋下去。孟母对儿子这样玩耍很生气，认为不利于他读书，便把家迁到了城里。

到了城里孟母要儿子熟读《论语》，像孔子那样做人。可是他家处于闹市中，打铁声、杀猪声、叫卖声终日不断，听着听着，他就读不下去了。接着，他就和邻居家的孩子玩起了做买卖的游戏，孟母觉得这个地方，确实很难集中心思读书，便再次搬迁到城东的学宫对面居住。

学宫那里的环境很好，书声琅琅，读书的氛围很浓。孟子很快地安下心来读书。有时，他还向学宫里张望，观看里面的学生是怎样读书的，又是怎样跟随老师演习周礼的，回到家里，也模仿起来。

后来孟母把孟子送进了学宫，学习《诗经》、《尚书》。"孟母三迁"教子的故事流传至今。

故事解析

子曰：“知之者不如好之者，好之者不如乐之者。”在很大程度上，学习和记忆都是要依靠自身的兴趣和良好的学习环境的，孟母三迁，择善而居。我们在学习和记忆的过程中，也要像孟母那样，选择学习所必需的物质条件，形成有浓厚学习气氛的文化环境，创设和谐温馨、相互关心的心理氛围。

在现实生活中，无论是学习还是工作，环境都显得非常重要，甚至能改变你的人生轨迹，决定你的人生成败。和什么样的人在一起，就会有什么样的人生。和勤奋的人在一起，你不会懒惰；和积极的人在一起，你不会消沉；与智者同行，你会不同凡响；与高人为伍，你就能登上巅峰。

科学家研究表明：“人是唯一能接受暗示的动物。”积极的暗示，会对人的情绪和生理状态产生良好的影响，能够激发起人的内在潜能，发挥人的超常水平，无论是学习还是记忆，良好的环境都能让你事半功倍。而处在消极环境状态下的人，会渐渐颓废，变得平庸。积极的人像太阳，照到哪里哪里亮；消极的人像月亮，初一十五不一样。态度决定一切，而环境决定态度，有什么样的环境，就有什么态度，也就有什么样的未来。

故事穿越

小琳是个聪明的孩子，上小学五年级了，成绩不错。她一回家放下书包后就打开电视机，然后看起动漫来。这时，妈妈在一旁唠叨：“先写作业，再看电视！”虽然小琳爸妈的文化水平并不低，妈妈还是一位小学教师，但小琳从没见妈妈在家备课、改作业。只要她一看动漫，妈妈就和她抢电视频道，只要她一上网，妈妈就抢电脑，然后就上网聊天、打游戏。由于“抢”，母女有时还会发生口角。

小琳只要一说：“你为啥可以看电视上网，我却不行？”妈妈就说：“小孩的任务就是写作业，大人的任务就是工作。”即使自己已经完成作业了，妈妈也还要布置她看一些课外书或练一会儿琴，并强调说：“小孩晚上是绝对不可以看电视、上网的。”

小琳的爸爸常常很晚回家，她一直以为爸爸在加班，不能准时回家，后来发现爸妈有时会为此事吵架。最近爸爸能下班准时回家了，然而他下班一回家就会在家里张罗起来，原来他是个麻将迷，他是在为晚上家里的聚会做准备，家庭“战争”时常爆发。

小琳升到初中以后，成绩直线下降，她的妈妈不理解，自己都这么抓小琳的学习了，为何她还不好好学？于是经常打骂小琳，小琳没有考上重点高中，她妈妈狠狠地揍了小琳，小琳一气之下离家出走了。

故事微语

而以前的你，原本很优秀，但由于周围那些消极的人影响了你，使你缺乏向上的动力，从变得肤浅而平庸。现实中不乏这样的例子，很多人原本可以做一番大事业，但因为家庭环境的污染，导致他们身上的天分埋进了坟墓。

如果你想像雄鹰一样翱翔天空，那就要和群鹰一起飞翔，而不要与燕雀为伍；如果你想像野狼一样驰骋大地，那你就要和狼群一起奔跑，而不能与羊群同行。正所谓“画眉麻雀不同嗓，金鸡乌鸦不同窝”。

潜移默化有着相当强大的力量，耳濡目染之下人的性格也会发生改变。如果你想聪明，那你就要和聪明的人在一起，你才会更加睿智；如果你想优秀，那你就要和优秀的人在一起，你才会出类拔萃。如果你想增强自己的记忆，那么就给自己营造一个完好的环境吧。

心灵箴言

近朱者赤，近墨者黑。

——孟子

人创造环境，同样环境也创造人。

——[德] 马克思

环境决定着人们的语言、宗教、修养、习惯、意识形态和行为性质。

——[英] 欧文

提出明确的记忆目标或任务

故事话题

1952 年 7 月 4 日清晨，加利福尼亚海岸下起了浓雾。在海岸以西 21 英里的卡塔林纳岛上，有一个 43 岁的女人准备从太平洋游向加州海岸。她叫费罗伦丝·查德威克。

那天早晨，雾很大，海水冻得她身体发麻，她几乎看不到护送他的船。时间一个小时一个小时地过去，千千万万的人在电视上看着。有几次，鲨鱼靠近她了，被人开枪吓跑了。

15 小时之后，她又累，又冻得发麻。她知道自己不能再游了，就叫人拉她上船。她的母亲和教练在另一条船上。他们都告诉她海岸很近了，叫她不要放弃。但她朝加州海岸望去，除了浓雾什么也看不到。

人们拉她上船的地点，离加州海岸只有半英里！后来她说，令她半途而废的不是疲劳，也不是寒冷，而是因为她在浓雾中看不到目标。查德威克小姐一生中就只有这一次没有坚持到底。但正是这一次，让她错失了一次伟大的纪录。

故事解析

记忆是看不见摸不着的，我们怎样才能知道自己记住了没有，怎样才能知道自己有所得呢？树立起一个明确的目标是我们必须要去做的，而这个故事所讲的，也是目标，要有一个看得见、够得着、行之有效的目标，在记忆的过程中才会形成动力，帮助我们进行更好的记忆。

有时候人们会犯一个错误，就是认为目标定得越高越好，认为目标定得高了，即便只完成了 80%也能超出自己的预期。实际上，这种思想是有问题的，持有这种思想的人过分信赖自己的执行力，认为只要制定了目标，自己就会去达成。

实际上，制定目标是一回事，完成目标又是另外一回事，制定目标是明确做什么，完成目标是明确如何做。与其用一个高目标给自己压力，不如制定一个合适的目标，并制定行动计划，提前估算即将碰到的困难并排除它，帮助自己获得动力。

故事穿越

山田本一是日本著名的马拉松运动员。他曾在1984年和1987年的国际马拉松比赛中，两次夺得世界冠军。记者问他凭什么取得如此惊人的成绩，山田本一总是回答："凭智慧战胜对手！"

大家都愣了，马拉松比赛主要是运动员体力和耐力的较量。爆发力、速度和技巧这些都还在其次。因此对山田本一的回答，许多人觉得他是在故弄玄虚。

10年之后，这个谜底被揭开了。山田本一在自传中这样写道："每次比赛之前，我都要乘车把比赛的路线仔细地看一遍，并把沿途比较醒目的标志画下来，比如第一标志是银行；第二标志是一个古怪的大树；第三标志是一座高楼……这样一直画到赛程的结束。

"比赛开始后，我就以百米的速度奋力地向第一个目标冲去，到达第一个目标后，我又以同样的速度向第二个目标冲去。40多公里的赛程，被我分解成几个小目标，跑起来就轻松多了。开始我把我的目标定在终点线的旗帜上，结果当我跑到十几公里的时候就疲惫不堪了，因为我被前面那段遥远的路吓倒了。"

X X银行

故事微语

有时候目标是需要分解的，一个人在记忆的时候制定目标，要有最终目标和阶段目标之分。以背书为例，最终目标是背下这本书，而阶段目标则是先背下一章，如果上来就把目标定在背下整本书的话，我们很可能会被这巨大的工作量吓住，望而却步。

当阶段目标一个个被完成后，最终的目标也就近在眼前了，当我们实现了一个又一个阶段目标的时候，我们就及时地得到了一个正面激励，这对于培养我们挑战最终目标的信心的作用是非常巨大的。

心灵箴言

伟大的目标构成伟大的心灵。

——英国

在一个崇高的目标支持下，不停地工作，即使慢，也一定会获得成功。

——[美] 爱因斯坦

每走一步都走向一个终于要达到的目标，这并不够，应该每一步就是一个目标，每一步都自有价值。

——[德] 歌德

心灵榜样微史话

伽利略

伽利略·伽利雷是16—17世纪意大利数学家、物理学家、天文学家。伽利略发明了摆针和温度计，他在科学上为人类做出过巨大贡献，是近代实验科学的奠基人之一。他被誉为“近代力学之父”、“现代科学之父”和“现代科学家的第一人”。他在力学领域进行过著名的比萨斜塔重物自由下落实验，推翻了亚里士多德关于“物体落下的速度与重量成正比例”的学说（两个铁球同时落地），建立了自由落体定律；还发现物体的惯性定律、摆振动的等时性和抛体运动规律，并确定了伽利略相对性原理。他是利用望远镜观察天体取得大量成果的第一人，重要发现有：月球表面凹凸不平、木星的四个卫星、太阳黑子、银河由无数恒星组成，以及金星、水星的盈亏现象等。

爱迪生

托马斯·阿尔瓦·爱迪生（1847—1931），世界著名的发明家、物理学家、企业家，众多知名重要的发明专利超过2000项，被传媒授予“门洛帕克的奇才”称号。他是人类历史上第一个利用大量生产原则和电气工程研究的实验室来从事发明专利而对世界产生重大深远影响的人。

爱迪生拥有超过2000项发明，包括对世界极大影响的留声机、电影摄影机、钨丝灯泡等。在美国，爱迪生名下拥有1093项专利，而他在英国、法国、德国等地的专利数累计超过1500项。

爱迪生是技术历史中著名的天才之一，拥有白炽灯、留声机、电影放映机、摄影机等1093项发明专利权。其中四大发明：留声机、电灯、电力系统和有声电影，丰富和改善了人类的文明生活。

瓦特

詹姆斯·瓦特（1736—1819）是英国著名的发明家，是工业革命时的重要人物。1776 年制造出第一台有实用价值的蒸汽机。以后又经过一系列重大改进，使之成为“万能的原动机”，在工业上得到广泛应用。他开辟了人类利用能源新时代，标志着工业革命的开始。后人为了纪念这位伟大的发明家，把功率的单位定为“瓦特”。

萨缪尔·莫尔斯

塞缪尔·莫尔斯（1791—1872），是一名享有盛誉的美国画家、电报之父。1791 年 4 月 27 日出生在美国马萨诸塞州的查尔斯顿，莫尔斯最初的职业是位油漆工。1839 年他发布了他的第一项发明“莫尔斯”码。他的同行发明的电报就是运用“莫尔斯”码来传递信号的。1844 年莫尔斯从华盛顿到巴尔的摩拍发人类历史上的第一份电报。在座无虚席的国会大厦里，莫尔斯用激动得有些颤抖的双手，操纵着他倾十余年心血研制成功的电报机。1872 年于纽约逝世。

小布什

乔治·沃克·布什，美国第 43 任总统（第 54—55 届）。布什在 2001 年 1 月 20 日就职担任总统之前，于 1995-2000 年间担任第 46 任的得克萨斯州州长。布什家族很早就开始投入共和党以及美国政治，布什的父亲是之前曾担任第 41 任总统的乔治·赫伯特·沃克·布什，他的弟弟杰布·布什也曾经担任佛罗利达州的州长，由于与父亲同样担任过美国总统，因此又常被称为小布什以区别，而他父亲就被尊称为老布什。小布什总统任内遭遇了 2001 年的 9·11 事件，他因此发动了一连串所谓的“反恐战争”。在 2001 年 10 月他发动了阿富汗战争以推翻塔利班政权并铲除基地组织势力，接着他在 2003 年 3 月发动了伊拉克战争，推翻了萨达姆政权。

经过激烈的选战后，在 2004 年击败民主党参选人约翰·克里获得连任，并成功赢得普选和选举人票。任内小布什推行了 1.3 万亿元的减税计划，以及对于医疗保险和社会福利体制的改革，同时也推行了社会保守主义的政策，例如禁止堕胎的法案、以及反对承认同性婚姻的联邦法案提议。近年来，布什政府在反恐战争的正当性、关塔那摩湾事件、虐囚门事件以及飓风卡特里娜救灾工作的处置上遭到众多批评，他的施政存在极大争议，执政民调认可度在 9·11 事件之后也有逐渐下滑的趋势。

在美国在线于 2005 年举办的票选活动《最伟大的美国人》中，布什被选为美国最伟大的人物第 6 位。

小泽征尔

小泽征尔由于长期在美国居住，常被误认为已加入美国籍。小泽征尔是一位在艺术上有很高造诣的、才华横溢的指挥大师，他的身上有着作为一名优秀指挥家所应具备的全部素质，从专业的角度来看，他具有极其敏锐的听觉、惊人的音乐记忆力、高超的指挥棒技巧、丰富的音乐感觉和果断而热情的精神。他的指挥风格非常热烈生动，其中的变化也十分的丰富，充满着生气、激情和强烈的感染力。他是一位非常善于准确地把握和理解各种不同风格的作品的指挥家。

人们常将他与印度指挥家祖宾·梅塔和新加坡指挥家朱晖一起誉为世界三大东方指挥家。

山田本一

1984 年，在东京国际马拉松邀请赛中，名不见经传的东道主选手山田本一出人意外地夺得了世界冠军。当记者问他凭什么取得如此惊人的成绩时，他说了这么一句话：凭智慧战胜对手。

华盛顿

乔治·华盛顿（1732—1799），美国首任总统，被美国称为“国父，美国独立战争大陆军总司令”。连任两届后自愿放弃权力不再续任，开始隐退。

由于他扮演了美国独立战争和建国中最重要的角色，故被尊称为美国国父，学者们则将他和亚伯拉罕·林肯、伍德罗·威尔逊、富兰克林·罗斯福并列为美国历史上最伟大的总统。他军事经验丰富，家产万贯，闻名遐迩；他外貌英俊，体魄健壮，指挥才能卓越，尤其他那坚韧不拔的性格使他成为统帅的理所当然的人选。在整个战争期间，他忠诚效劳，分文不取，廉洁奉公，堪称楷模。

曾国藩

曾国藩，初名子城，字伯函，号涤生，谥文正，汉族，出生于湖南长沙府湘乡县杨树坪（现属湖南省娄底市双峰县荷叶镇）。晚清重臣，湘军的创立者和统帅。清朝战略家、政治家，晚清散文“湘乡派”创立人。晚清“中兴四大名臣”之一，官至两江总督、直隶总督、武英殿大学士，封一等毅勇侯，谥曰文正。

钱学森

钱学森（1911—2009），汉族，吴越王钱镠第 33 世孙，生于上海，祖籍浙江杭州临安。世界著名科学家，空气动力学家，中国载人航天奠基人，中国科学院及中国工程院院士，中国两弹一星功勋奖章获得者，被誉为“中国航天之父”“中国导弹之父”“中国自动化控制之父”和“火箭之王”，由于钱学森回国效力，中国导弹、原子弹成功研制向前推进了至少 20 年。

毛泽东对他的评价为：“美国人把钱学森当成 5 个师，在我看来，对我们说来钱学森比 5 个师的力量大多啦。”

钱学森一生默默治学，但无论在什么时代，什么地方，他所选择的，既是一个科学家的最高职责，也是一个炎黄子孙的最高使命。他一生的经历和成就，在中国的国家史、华人的民族史和人类的世界史上，同时留下了耀眼的光芒，照亮了来路。作为中国航天事业的先行人，他不仅是知识的宝藏、科学的旗帜，而且是民族的脊梁、全球华人的典范，他向世界展示了华人的风采。

李光耀

李光耀，新加坡华人，首任新加坡总理、前任国务资政及内阁资政，人民行动党首任秘书长，也是新加坡国父，新加坡李氏家族政治的创始人，著名的独裁者，对新加坡政治有很大影响力。

心灵修养用语微解

愉悦：欢乐，喜悦，身心放松。

联想：由于某人或某种事物而想起其他相关的人或事物。

目标：1. 射击、攻击或寻求的对象。 2. 想要达到的境界或目的。

效率：1. 单位时间完成的工作量。2. 指最有效地使用社会资源以满足人类的愿望和需要。

潜力：潜力就是潜在的能力和力量；内在的没有发挥出来的力量或能力，也就是人类原本具备却忘了使用的能力。

健忘：健忘是指记忆力差、遇事易忘的症状。多因心脾亏损，年老精气不足，或瘀痰阻痹等所致。常见于神劳、脑萎、头部内伤、中毒等脑系为主的疾病之中。或用于比喻人容易忘记某人或某件事情。

心态：前苏联心理学家列维托夫认为人的心理活动可以分为心理过程、心理状态与个性心理特征三种形态。心理过程是不断变化着的、暂时性的；个性心理特征是稳固的，而心理状态则是介于二者之间的，既有暂时性，又有稳固性，是心理过程与个性心理特征统一的表现。

自信：是指自己相信自己。自信对我们的生活非常重要。我们的事业、我们的爱情、我们的生活、我们的工作，不管是哪一个领域，自信都是无比重要的。自信给人以力量，给人以快乐。正是有了自信，人们才充满了睿智，你和我的心中才升腾起无尽的希望。人们只有自信才能让自己的人生之花开得更茂盛更灿烂。只有自信才能让生活处处是舞台，让人生越过越精彩。

逻辑：源自古典希腊语（logos），最初的意思是“词语”或“言语”，（引申出意思“思维”或“推理”）；1902 年严复译《穆勒名学》，将其意译为“名学”，音译为“逻辑”；日语则译为“论理学”。传统上，逻辑被作为哲学的一个分支来研究。自从 19 世纪中期，逻辑经常在数学和计算机科学中研究。逻辑的范围非常广阔，从核心主题如对谬论和悖论的研究，到专门的推理分析如或然正确的推理和涉及因果关系的论证。

系统化：指采用一定的方式，对已经制定颁布的规范性文件或者流程进行归类、整理或加工，使其集中起来做有系统的排列，以便于使用的活动。

举一反三：从一件事情类推而知道其他许多事情。

记忆方法：记住或回想，让过去的事物留在脑海里的方法。对学习过的事物在脑中保留一定时间再认和回忆和对记忆的信息提取的形式，有明确的目的或任务、凭借意志努力记忆某种材料的方法。

神经衰弱：神经衰弱是指由于长期处于紧张和压力下，出现精神易兴奋和脑力易疲乏现象，常伴有情绪烦恼、易激惹、睡眠障碍、肌肉紧张性疼痛等；这些症状不能归于脑、躯体疾病及其他精神疾病。症状时轻时重，波动与心理社会因素有关，病程多迁延。